启明书系

写给中国人的
星空指南
插图注释版

秋

之

星

赵峐怀◎著

李亮◎审定

 人民邮电出版社
北 京

图书在版编目（ＣＩＰ）数据

秋之星 ： 写给中国人的星空指南 ： 插图注释版 /
赵睾怀著. -- 北京 ： 人民邮电出版社，2023.6
　　（启明书系）
　　ISBN 978-7-115-60463-7

　　Ⅰ．①秋… Ⅱ．①赵… Ⅲ．①星座－普及读物 Ⅳ.
①P151-49

中国版本图书馆CIP数据核字(2022)第220879号

　◆ 著　　　　赵睾怀
　　审　定　李　亮
　　责任编辑　刘　朋
　　责任印制　陈　犇
　◆ 人民邮电出版社出版发行　　北京市丰台区成寿寺路 11 号
　　邮编　100164　　电子邮件　315@ptpress.com.cn
　　网址　https://www.ptpress.com.cn
　　北京瑞禾彩色印刷有限公司印刷
　◆ 开本：720×960　1/16
　　印张：16.25　　　　　　　　2023 年 6 月第 1 版
　　字数：257 千字　　　　　　 2023 年 6 月北京第 1 次印刷

定价：79.90 元

读者服务热线：(010)81055410　印装质量热线：(010)81055316
反盗版热线：(010)81055315
广告经营许可证：京东市监广登字 20170147 号

内 容 提 要

在一生中的某个时刻，你定会驻足仰望头顶那片辽阔无垠的星空，心中生出许多好奇来，并想花点工夫探究一番。然而，面对满天繁星，该从哪里入手呢？虽然今天我们不难找到指导观星的通俗读物，甚至还可以借助更为先进的技术手段，但是往往难以产生持久的兴趣，常常不得其门而入，无功而返。

这本书也许能够满足你的愿望，引导你在一个秋夜将全天星星认识个大概。更重要的是，它会让你保持兴趣。在这本书中，作者将西方的神话、中国的传说和科学的观星方法巧妙地融为一体，用五十篇优美的短文将全天八十八个星座悉数呈现在你的面前。在这里，你会发现每颗星星都生动起来，它们都有一段迷人的故事，更隐藏着无数的秘密等待你去发现。为了便于现代读者阅读，我们根据现代天文学的进展对全书内容进行了审定和完善，并精选了上百幅插图，进一步增强了其实用性。

星空从来不缺少精彩的故事，但愿你在阅读过程中获得更多的乐趣。

久违了，星座

（二〇〇九年版序言）

陈四益

　　小时的儿歌，现在还记得："青石板，板石青，青石板上钉铜钉。铜钉钉了千千个，弟弟数也数不清。"无论是四川的乐山、江安，还是上海浦东的高桥，夜空的星星总吸引着我童年的思绪。那些星星上面真的有神仙居住？那些星星真会化为人形来到世间？满天的星斗，浸透了神秘。有时父亲有暇，在院中乘凉时也会稍作指点：那像烟斗的七颗星是北斗，西洋称大熊座，若在斗头外侧的两颗星间连一直线，向前延伸大约五倍的距离，就可以找到北极星，这是夜间行路的指向明星。北极星的另一边，五颗呈 W 形的星星是仙后座。从它边上的两颗星连线延伸，也一样可以找到那指示方向的北极星。除此之外，我所得到的星象知识也就只有天河两边的织女、牛郎和关于挑石头、挑灯草星的故事了。我很希望多知道些星星的故事，但父亲总是那么忙碌，而我还读不懂那些绘有新旧星图的书籍。

　　待到我能够读那些书的时候，已经住在大城市里了。虽说满街的路灯把夜间照耀得如同白昼，但它们也遮蔽了天空星斗，加上日甚一日的大气污染，蓝天渐已不再。仰望夜空，只见尘霾闭锁，除了最亮的少数星星，几乎都是蒙蒙一片。因此，一直提不起兴致去找关于星星的图书。我注意到流行的歌曲中星星已经退位，偶尔说到天空，也只剩下白昼的太阳和夜晚的月亮了。北京市近年来有"蓝天工程"启动，据说每年已经达到多少个蓝天，那可能别有衡量的标准。若以我辈常人的视觉感受，只有大风大雨过后的很少一些日子的很短一段时间，才可以看到些许蓝天。没有蓝天，当然也就没有了满天星斗的夜空。

但在大城市以外的地区，仍旧可以享受那"青石板上钉铜钉"的美景。一晃也已十来年了，因友人之邀，曾有黄山之游。时维九月，序属三秋，那晚宿于黄山脚下，入夜到户外闲步，竟重温了儿时的记忆。星汉灿烂，只能以辉煌形容。大熊座、仙后座、北极星和那几颗我认识的星星，都很容易找到了。但是，除此之外，我没有任何长进。空对着数十年未见的灿烂星空，不免感喟于自己的无知。回到北京，同大学时的老师、博学的鲍正鹄先生谈及"维南有箕""维北有斗"，我只识得"斗"，"箕"在何处，无从寻觅；东有启明，西有长庚，两者我都不能确定准确的位置；至于苍龙、白虎、朱雀、玄武、角宿、亢宿、心宿、房宿、天狼、老人，更是只知其名，无处对号。历代的观星诗，读之都如"天书"，只能以虞世南的诗句解嘲："天文岂易述，徒知仰北辰。"鲍先生听了哈哈大笑，但笑过之后，又严肃地说："确实没有一部能够通俗介绍星象的图书。"我抱怨中国对星座的划分太乱，叙述也不清晰，《史记·天官书》《汉书·天文志》难读，又无星图对照，西洋的又不见有好的译本，满街热卖的尽是一些乱扯占星术的洋迷信垃圾。先生说道，赵宋庆先生倒是有一部书，是开明书店印的，书名叫《秋之星》。虽然此书是写给青少年看的，但把中外关于星座的知识熔于一炉，穿插了不少关于星座的神话故事，文字也流畅，作为入门书是很好的，至今也还没见可以替代的书籍。可惜已是六七十年前的书了，要找，不容易。

赵宋庆先生是我在复旦大学读书时的老师，虽然他没有给我们讲过课，我和他却有一面之缘。那是在我得到录取通知，但尚未开学报到的时候。一位朋友，因赵先生是她父执辈，便热情地为我引见，希望我入学后能得到一些关照。赵先生住在复旦大学第四宿舍，先前好像叫"嘉陵村"，就像第六宿舍叫"淞庄"、第七宿舍叫"渝庄"一样。不曾料到的是，这位赵教授竟如此不修边幅。他穿的是那时已经很少有人穿的长衫，头发、胡须都很长。住房很小，就是一个不到二十平方米的房间，外带一个很小的厨房。屋里没有什么像样的家具，一张棕绷架在四堆书上，算是一张床。床的四角有四张杌凳，每张上都有一个玻璃烟灰缸。我曾问过他为什么放许多烟灰缸，得到的回答是："躺在床上看书，滚到这边可以弹烟灰，滚到那边也可以弹烟灰，很方便。"初次见面，我不敢笑出声来，但心中觉得这位先生真是滑稽。入学之后，因为没有赵先生的课，所以也就不曾再去拜望，但关于赵先生的传闻就真的"如雷贯耳"了。滑稽的事情不少，如他趿着鞋走在路上，后面会跟着一群孩子，而赵先生也会如孔乙己般从口袋里掏出糖（不是茴香豆）来分给他们；他深夜独自到复旦大学附近的五角场镇游逛，因为衣衫不整、边幅不修，被派出所当作盲流收容。及至问清并核实为复旦大学教授，他又被礼送回家。学问的事情则更是神奇，他是中文系的教授，却给数学系开过数学课，又写过天文学的论文。为了寻找苏轼受过波斯诗人奥马尔·哈亚姆影响的证据，他用一周时间以绝句形式翻译了《鲁拜集》全部五百余首诗。

传闻归传闻，我也未曾核实，但这次听鲍正鹄先生说起，才知道赵先生确有这份才情，因为鲍先生同赵先生交往有数十年之久，相知甚深，不比道听途说未必可信。所以，我还真的到旧书店，也到北京的几家大图书馆查找过，可惜未见《秋之星》的踪影。

直到二〇〇四年，鲍先生突然对我说："找到了。"我一时不知所谓，愣在当场，待先生郑重地将一个大信封交到我手中，才知道是赵宋庆先生《秋之星》的复印件。原来，提到这件事后，鲍先生曾多方托人寻觅。他担任过北京图书馆（即现在的国家图书馆）副馆长，那里自然行已查过。后来，他又托多人寻找，均未果。这回他又同许觉民先生谈起。觉民先生就是著名的文艺评论家洁泯，担任过中国社会科学院文学研究所所长，前此也曾在北京图书馆研究部任职，两处都同鲍先生同事，相交已久。此书的复印件就是许觉民先生托人从上海找到的，据说已进了善本书库，允许复印已经是天大的面子了。鲍先生嘱我设法为它找一家出版社重印一下，"因为它至今有用"。

拿到了《秋之星》，自然先睹为快，读后只觉相见恨晚。

作者署名不是赵宋庆，而是赵辜怀。赵先生的女儿赵无凡女士告知，这是她父亲所用的一个笔名。他的本名还是宋庆。鲍先生曾说，赵先生兄弟都严于夷夏之辨，有很强的民族意识，所以一名汉生，一称宋庆，汉宋两代都是华夏辉煌的时期。汉生先生就是著名旅法画家赵无极的父亲大人。

书是一九三五年出版的，彼时赵先生正值风华正茂的年龄，所以在学识渊博之外，文字里还跃动着一股青春的气息，叙述枯燥的星座也让人觉得津津有味。

"斗转星移"是一句耳熟能详的套话。众多的星座因着地球的自转和公转，在看星人的眼里一夜之间在"移"在"转"，一年之中也在"移"在"转"，因此寻觅星座并不是件容易的事情。赵先生的办法是要使读者在他的指引下，一夜之间遍览群星。正如赵先生所说："把周天的星象选一个秋夜分时说明，想来更能满足初试看星者的欲望吧。"若不是自己有过丰富的看星经验，是很难体验看星者的心情的。如果在黄山脚下那一夜有《秋之星》在手，我大概会跟着赵先生的指点，看着那星河从地平线向上涌起，一个个星座轮番出现于中天，那定会令我沉醉的。

只要一个秋夜，就能把满天星斗认个十之八九，单单这一点就会勾起读者阅读的欲望，更何况其中还有无数迷人的神话传说呢。

满天星斗，从何看起？天球也如地球。就像在地球上寻找各个国家的位置要依赖地图，在天球上也只有依靠星图才能准确地找到不同的星座。星座中的星星并不在一个平面之上，其间的距离都要以光年计，但我们仰望天空时，只觉得它们像是一块青石板上的无数铜钉。中国人的星座划分往往下应人事，看天上的星星变化是为了"观天下"、测人事，所以关注的是哪里下应宫廷，哪里下应中枢，哪里是州国分野，哪里有客星来犯，如何又是天下偃兵，如何又当禁令刑罚，好像人间祸福都写在了那些星星上。这种观天文治人事的花样，拿来骗骗高高在上的君王，吓吓低低在下的百姓，或借此生事、排斥异己、争权夺利，或许有用，要说看星的兴致，则真是索然无趣了。而且因着上应天文的需要，星座的划分也相当烦琐，指点起来难得要领。所以，赵先生在介绍星座时，主要依靠的倒是西方的星座划分。这不仅因为西方的星座比较好认，还因为那些星座包含的内容很少有迂腐烦人的政治气，多的是古代神话传说，给青少年讲来，容易趣味盎然。更令人惬意的是，赵先生对中国星象中动人的传说并没有忽略，譬如织女牵牛、南箕北斗、弧矢天狼、参商二宿都穿插在星座的介绍中，同西方传说一并讲解，东西比较，更添趣味。

中国的织女星，在西方的星座中是属于天琴座的。关于天琴座，并没有什么特别的故事，只据说这张七弦琴的主人是海勾力士。海勾力士现在通常译作赫拉克勒斯，是希腊神话中最有名的英雄，多才多艺，力大无穷，完成过十二件殊勋伟业。据赵先生的介绍，武仙座的武仙就是赫拉克勒斯。天琴正与武仙相近。但在中国的传说中，天琴座中最亮的星名唤织女，是天孙。织女同牛郎的爱情故事，几乎家喻户晓。赵先生说："织女真是非常美丽，有点像维纳斯，尤其是在初升和将落的时候。在我们所能常看到的恒星中，只有天狼比它明亮……但天狼因为太亮而带有威严，我们感情上觉得它是刚性的，而织女则是柔性的，使我们觉得织女更可亲近。"经他这样点拨，再看织女，果真有如林中晶莹的潭水、美人闪亮的眸子。

北斗，在中国和西方都是重要的星座。它的指向用途是中外都明了的。但在中国大概南面而坐是王者的思维已成定式，于是北斗北极也都成了星星中朝廷的象征，让人听着不耐。民间以为北斗主死、主文运以及狐狸拜斗之类的传说又其事难详，倒是西方把北斗称作大熊座，北极归小熊座，有着一个哀婉动听的神话故事。大熊是名为加丽斯多的女子所化，在今天的译作里，加丽斯多一般译为卡利斯托。她是阿尔卡狄亚之王吕卡翁之女、狩猎女神的友伴，外出狩猎时为宙斯所爱，生下了一个儿子。但因天后赫拉忌妒，她被化为一只大熊。待到儿子阿尔卡斯长成，到林中狩猎，加丽斯多忘却自己已是熊形，上去拥抱。阿尔卡斯以为熊来攻击，挺矛欲刺。千钧一发之际，宙斯出手相救，才没有造成母子相残的悲剧。于是，宙斯将母子摄上天空，成了大小熊两个星座。阿尔卡斯在希腊文中就是熊的意思。天后赫拉不满于这个结局，便要海神永远不给这对母子水喝。所以，大小熊两个星座永远不会落在海平面下。但也正因为这样，他们得到了航海者的感谢，因为他们始终为航海者指示着方向。

观星的趣味也并不全是倚仗美丽神话。譬如，中国四象中的青龙（或称苍龙）真是一个庞然大物，包含着许多星宿，西洋的许多星座也在其中，房、心、尾三宿就大体相当于西洋的天蝎座。而这三宿的组合，在中国还有一个名称叫作"大火"。大火又称大辰，大概是因为在这个星宿的组合中明星分外集中，计有一等星一颗，二等星五颗，其余又都是三等星。看到这些星星，尤其是那颗心宿二，便想到"火"的名称，这并不是中国人的特殊感受。非常有趣的是，心宿二这颗星的希腊名字也是"火星"。把心宿比火，好像是中外皆然的。《诗经》中的"七月流火"，现在已经被许多人当作火球滚来滚去的炎热了。其实，它不过是说时序更移，到了那个时候，大火已经西沉罢了。大火西沉的时候，已经不是热浪滚滚的时候，而是开始置备寒衣的辰光了。《诗经》里还有"绸缪束薪，三星在天""绸缪束刍，三星在隅"的诗句，那三星也是指这颗心宿二同它左右的两颗三等星。

房、心、尾中的房宿也是三星，只是心宿和它一横一直，排列不同。房宿在天文学史上留下一段佳话，就是客星的最早发现就在房宿，而且东西方几乎同时有了记载。客星又称新星或暂星，中国最早的记载在《汉书·天文志》，说是"元光元年（公元前一三四年）六月，客星见于房"。时值汉武帝刘彻当国。西方的最早记载则见于依巴谷（又译作喜帕恰斯）的《谈天》一书，他也是在公元前一三四年发现了客星。看来，他们发现的是同一颗客星。把星宿与文学、星宿与科学这样紧密地勾连起来，让人在观星之际得到许多意外的收获，我们真该感谢赵先生的生花妙笔了。

如果赵先生只是个观星的爱好者，他的叙述将止于星座的方位与形状。如果赵先生仅是位文学家，他的叙述可能偏爱于神话传说的引述或文学作品中星象描述的诠释。但是，赵先生的腹笥不止于此，他还对天文学有很深的造诣。前面提到，他曾经发表过天文学论文。所以，从《秋之星》中，我们还可以得到许多近代天文学知识。你是否想过二十万年前的北斗曾是什么形状，二十万年后的北斗又该是什么形状？把星座放在历史的长河中，可以推想它们过去未来演变的轨迹。你是否知道星星如何依据它们的亮度分等，如何依据它们的性质分类？时间已经过去七十多年，天文学当已又有长足的进步。赵先生的介绍必定会缺少许多新知，但作为一部趣味丛生的普及读物，若能引起初学者浓厚的兴味，从而引导他们进一步去探索辽远的星空，已经是功德无量了。

拿到《秋之星》后的两年多中，我曾同几家出版社谈过，但都没有得到肯定的答复。编辑面有难色，我也不便细问。各有各的打算，这件事是不便强求的。就在这段时间里，先是鲍正鹄先生去世了，接着许觉民先生也离开了人世。手里拿着他们辗转找来的《秋之星》，总觉得愧对前辈。现在二十一世纪出版社有意重印这本小书，为了青少年，也为了所有希望探索星空的人们，我是非常感激的。这不仅因为我可以无负于师长的托付，更因为我们终于又可以有一本比较科学的、有趣的谈"天"之作来取代那些占星术的荒唐呓语。真希望在新世纪成长起来的孩子能对星空的奥秘生出无穷的兴趣，而不是糊涂到企图依星座来推测虚无的命运或寻找无根的爱情。

编者说明

这本书是由赵宋庆先生在八十多年前编写的，至今读来仍觉趣味盎然，不忍释卷。秋高气爽，夜空澄澈，正是一年当中认星观星的最佳时节。择一秋夜，引导读者将全天的主要星星和星座认识个十之八九，这是作者写作这本书的初衷。读完这本书，你确实可以做到这一点，而且会生出对星空的热爱来。

作为复旦大学中文系的教授，赵先生对天文学也颇有研究，发表过多篇天文学论文。在这本书中，他用清澈的文字将天空的故事娓娓道来，让你在不觉不知中喜欢上天文，学到许多科学知识，掌握观星的方法。这正是我们时隔多年重新出版这本书的愿望。"天文学是最富有诗意的科学"，这句话在赵先生的笔下得到了尽然的体现。

八十多年来，天文学得到了长足发展，各种先进的理论、技术和方法极大地拓展了人类的视野。今天，天文学家对于宇宙的描述已与赵先生写作本书时有很大的不同。为了让读者享受到科学进步带来的便利，我们请中国科学院自然科学史研究所研究员李亮博士对全书进行了专业审校和补遗。

一是精心选择了上百幅精美插图，并采用四色印刷。其中，星座艺术插图选自历史上著名制图师的作品，堪称星图艺术杰作；星座观测图选自权威机构绘制的现代图集，信息更加丰富准确。为了便于读者使用星座观测图，我们在书后的附录中列出了八十八个星座的中文名称、拉丁名、略号。

二是更正了原作中个别疏漏和不准确的地方，修正了一些已嫌陈旧的描述。为了尊重原作，同时不给读者过多造成阅读不便，我们直接将简要的注释标注在行文中，而以脚注形式呈现所需文字较多的注释。原作提及了不少外国人名，但都缺少生平介绍，我们也以脚注形式进行必要的注释，便于读者进一步了解。

三是原作中的恒星以所在星座名称后加天干地支的方式来命名，此为照顾当时读者的习惯。此次出版统一采用现代天文学规范命名方式，如将"英仙甲"改为"英仙座 α"，"双子乙"改为"双子座 β"。这也是为了顺应读者的阅读习惯。对于原作中的"山羊""水夫"两个星座，仅在每个小节中第一次出现时分别补注"摩羯""水瓶"二字。

四是对于原作中的外国人名和神话角色，在每个小节中第一次出现时统一补注现代通用译名。之所以按小节处理，是因为考虑到书中的五十个小节虽然构成一个有机的系统，但也可以单独拿来阅读，供在观星时随时查阅。

需要特别说明的是，作者在介绍恒星、星座及其他天体时往往提供了其位置、距离、光等（星等）、颜色、运动速度、周期等信息，今天看来小部分数据稍嫌不够准确，但基本上不妨碍读者认星和观星，同时这也反映了当时天文学的发展状况，具有很高的史料价值。如果逐一加以标注，有损行文之流畅，会给读者的阅读带来较大不便。

本书第四十九和五十小节分别介绍银河系和银河系之外的情况，这是近年来天文学发展最为迅速的领域之一。如果读者希望了解这方面的最新信息，建议阅读最新出版的有关书籍。但为了保证原作的完整性，我们保留了这部分内容，读者在阅读和引用有关数据与描述时一定要加以注意。对于有特殊需要的读者，上网查阅最新数据并不难，也可以参考《天文观测完全指南（第5版）》（人民邮电出版社，二〇二一年）。

序言是陈四益先生为二〇〇九年版所作的，其中详细介绍了作者赵宋庆先生的有关生平以及这本书的特色，同原作相得益彰。我们可以从中了解到这本书之于现代读者的价值。因此，在征得陈先生同意的基础上予以保留。感谢陈四益先生和李亮博士为本书此次出版所付出的努力。

最后需要说明的是，原作采用中文数字而非阿拉伯数字进行介绍，此次出版尊重原作的处理方式，仅对个别不规范的地方进行了处理，而近现代星图中仍沿用阿拉伯数字。虽然我们希望提供一个较为完善的版本，但在某些方面定会存在不十分让人满意的地方，请各位批评指正。

祝你阅读愉快！

目 录

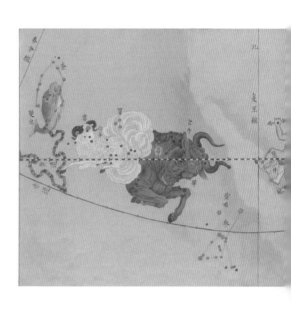

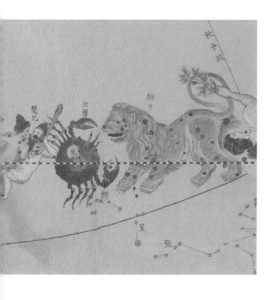

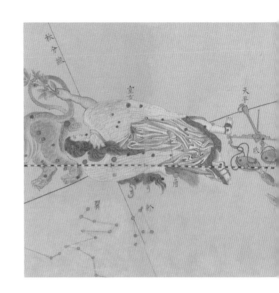

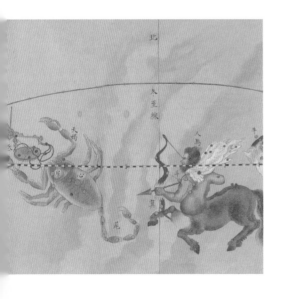

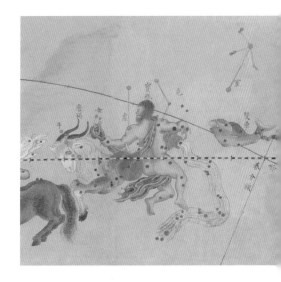

一　秋夜

我时常等待秋天。

并不是单在炎热的夏季等着秋天的凉爽。在冬天，回忆着秋天就同时等待着秋天。到春天，仿佛秋天而不及秋天清爽的气候，更加切了对秋天的期待。秋天的风，秋天的露，秋天的云，秋天的月，秋天的山水，秋天的花木虫鸟，都时时在人的记忆里。这一切，不知经过多少文人的渲染了，然而并不是它们勾起人对于秋的怀想，各人的心头各自有他所领略过的秋的意味在浮动。

秋景

秋天到了，初到时白天还是和夏季一样的炎热，但当暮色展开后，就再不是夏季的夜，而秋的一切最先从夜色里传过来。人的身体感到柔和的凉意，然而不是因为风，而是来自四周沉静的空气。这空气似乎改变了它的机能，恢复了它的灵敏，它能把极复杂的音响一一分析开来，使人能显然地辨别而选择他所要听的。便是你选择了一种极细微的声息，它也能永在你的耳际回绕。这时候，你可以感到一切的存在都是真实的存在。别的时候，常有一些事物为别的占优势的情境所淹没，而秋天则把一切的存在尽量呈现。

真是所谓清夜无尘，一切的障碍分子都被排除，剩下的都是极敏锐的媒介。纵然你不觉得声音的特别清楚，天色的特别皎明，另一不容否认的实证却呈现在你眼前。最便当的是试数引向远处的街灯，一定可以比平时多数出几盏，这就真确告诉人增加了多远的目力。赅括地，天空的明月，缩减了视面积，增加了亮度，其程度虽不容易量度，而总印象却可显然感到。最好是能认识星，譬如就说北极座吧，一到秋夜，人会忽然觉到北极星已明如前几日的牵牛，卫极星已明如前几日的北极星，而中间的三星也清晰浮现，使小勺的形状一看可得。星，真是秋夜最好的标识。

"夜"的意义似乎谁都知道，然而字典也不过告诉我们夜是两个白天之间的一个时期，这回答并不很够。白天的意义，是从日出到日没之间的时期，因之夜也可以解作从日没到日出之间的时期。换句话说，白天我们受日光的照耀，夜间则没有日光照耀，夜成为白天的对待，附属的名词。我们该为夜叫屈。时间产生于光的移动，可用作标准的光绝不止日光。月光因为有时和太阳并现，我们不便采用，星光则是永夜照耀的，天然是夜最好的说明。如此，白天应解作日光遮却星光的时期，这么说与事实更近。

星光不给人以工作的便利，因之它的地位，在生活复杂的社会，日形失坠。然而夜是给人休息的，过去与未来，人知道并能获得正当休息的时候，都会了解星光对于人的亲切。一天的疲劳，不仅是睡眠所可以恢复的，若能在工作完毕之后，在门外静观几小时的星空，至少睡眠时可以少做几场噩梦。夏天所给予人的恩惠，是使人在夜晚自然地多领略一点门外生活。这生活到秋天更可留恋，秋夜的户外生活已不再是为了追求凉爽，而是单纯地沉浸在生活的趣味里。也许不是诗人轻易不会达到"露重风寒不忍归"的境界，但那境界我们多少也能了解。

秋夜

　　最纯朴的乡间，豆棚瓜架下，此时正是讲神谈鬼的时候。似乎人也和秋虫一样，到秋天话就特别多起来。神鬼的传说，我们固然每觉其可笑，然而正是对于可惊奇的事物寻求解释。受过教育的人从书本习得许多答案，因之能追求进一步的惊奇，乡僻的人则仍未脱出原始的探索，其为学问的基本原动力实是一样。希腊所留下的神话，我们今日仍要惊叹于其想象的丰富。而对于认识、记忆天空的星座，我们仍借助它们不少。

　　星空是异常神秘的，它能适应各种人不同的心境而给以合适的反应。精神太疲倦了，你可以觉得在它的密密笼罩之下得到安息；生活太单调了，你又可以就它深邃、复杂的性质而尽量思索。从幼龄儿童永远数不清的星的数目，到大哲学家、科学家迄未探知的宇宙极限，其间容许人感觉无限层级的惊奇。在各层级中，乡野间人的惊奇也许不是最浅陋的，他们比较多地与自然接触，他们与很多的星熟悉，他们知道哪一些星什么时候离去，哪一些星什么时候归来。虽然他们的解释将不离神话，然比之能谈定命论、辨证法，而看着天空，只觉是无数散乱光点的人，其趣味一定深切些。

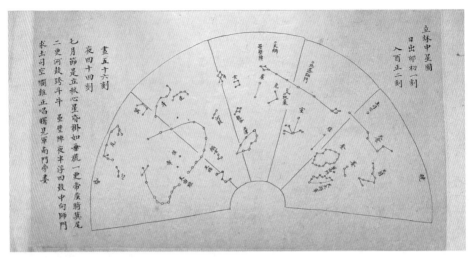

农历七月立秋的星空

希腊神话中的秋季星空

星空正确地告诉人以季节，正如它告诉人以夜晚一样。《钦定礼记义疏》说"七月，汉案户，初昏织女正东乡"，《时则训》说"孟秋之月，抬摇指申，昏斗中，旦毕中"。这些话也许在古代每个人都知道，因而他们当不会把秋夜与春夜混淆。现在，天文历的流行未普遍，国民历上则连这样简单的说明也没有，真渐渐地使人们对于秋星的知识降到乡野鄙夫以下了。

凝视星空，实在是一种愉快。秋夜皎洁的星空，每年又只有短短的一时期，而秋夜正是我们过着很多门外生活的时候，如果我们不知道怎样享受看星的愉快，实可惋惜。也许有些人震惊于天文学的艰深，不敢接触，其实纯正的天文学还被称为最有诗意的科学，何况看星并不需要了解天文学的全部。在欧美，教人欣赏星空的通俗书籍每年都有不少，我们随便购取一本，都很容易求得相当的知识，从而得以享受很多的愉快。

我在不认识一颗星的时候就把大部分的秋夜奉献于秋星秋河，认识星座后更沉醉于它们的美丽。现在，我愿把这沉醉的愉快和大家分享。这不是想和欧美名著争短长，只是更想其普及。

我希望我所等待的秋天，有人同样地等待。

二　星空的魅力

康德说过："我觉得只有两件事历劫常新，一是我们身边的伦理，一是我们头上的天空。"这样简单的话语就十足说明了天空的魅力。

天文学家常常说，如果我们生在金星上面，终年为浓厚的云雾所笼罩，永远看不见明朗的天空，那将是一种异常无趣的生活。这想法是毫无问题的，我们过着阴天，实没有不感到沉郁的。比较起来，对于阴的白天，有时还正为我们所希望，至于夜晚，则简直永远不希望有一个阴夜。深深的漆黑的阴夜，对于人是一种重压，或简直是一种恐怖。"揭云雾而见青天"是我们常用的一句表示无限喜悦的习语，可见明朗的天空对于我们的感情有着怎样的力量。

黄山夜空

愈晴朗的天，愈见得高不可攀。人类的身体是直立的，他们的头脑由爬虫逐渐抬至最高，仿佛在企图脱离地心吸力的支配。虽然头脑始终还附着在身体上，脑的活动力却时刻在企图飞腾，因此人类不断地具有对于高空的仰慕。天上被视为神之所居，而人类也自诩有超升天界的希望。最初的天文学，不妨说就是由这种仰慕而起的。

古代的天文学家多禄某（Claudius Ptolemaeus，今译托勒密）说："在白天，我自觉得是一个凡人，到夜晚，当我神往于群星的时候，我就觉得我不是立足于人世，而似乎自己是在和宙斯同餐不老仙方。"这自然是比喻，但也说明这是怎样超绝的境界。

天堂星阙虽然终将被完全排出于人的心头，但人类仍不妨觉得与星星相互熟悉。"举杯邀明月，对影成三人"并不是视月为神仙，而只是为物质的月赋以

月圆之夜

人格。熟悉星空的人的确会觉得每颗星都具有人格。它们是人极好的朋友，它们不与人做长期的暌违而有按时的过访；它们的性格虽有种种，而绝不见不可亲近，在人类中是不能同时得有这样多的朋友而常常晤聚的。

不知道把花木鸟兽都当作朋友的孩子们对星星做什么感想？有一个故事，颇能说明孩子对于星空也极感趣味。算出海王星轨道的亚当斯是从小就喜欢看星的。在七岁的时候，他就能把猎户座的形状记忆着画出来。虽然他是个天才，但也不见得与平常的孩子就完全不同吧。

自然也有完全没有留意过星空的人。爱墨生说："街市上的人是不认识天上的一颗星的。他们不知道什么是黄道，也不知道什么是春分秋分。整个儿的皎明的年历，在他们心上没有一点儿地位。"那些人就似乎一点儿也没有感到星空的魅力。然而这也并不就是他们将永不会见到星空，而觉得素未注意的可惜。

卡莱尔曾对星空起过一种悲叹："为什么没有人给我以星座的知识，使我置身琼楼玉宇呢？"恐怕有许多同样的感叹，只未能同样流传吧。

三　天上人间

　　最使初看星者迷惑的，怕是天空的星多到难以计数吧。天文上的数字常常大到非人意想所及，有许多人定以为星的数目一定也是一个天文式的数目。但事实上星的数目，并不很庞大。我们小时候大概都唱过一首儿歌"天上一个星，地上一个丁"。这无意的凑合，颇能帮助我们记忆。现在全世界人口的约略估计是十六万万，而现在最大的望远镜所能测见的星也约为十六万万。这数字已与我们不很相干，普通人用视眼观看，则所看到的其数不过六千，但一个人在一个时期之内只能看到半个天球，因之就只有三千，约略等于一个人所交接到及在报纸上知道名字的人数。

古人将天上的星象与人间的事物联系起来，由此形成了星宿

正如人各有名字，星也各有名字。不过人习惯上各有一个专名，而星只就其所属的星座加一号数，偶有专名，倒反如人的别号。这也没有什么奇怪，人的名字是各凭喜欢自己选择的，而星则是受系统的支配而被称唤的。如果一个国家对人民的名字进行支配命定，则人名一定也会变成号数。事实上，学校的学生、工厂的工人就往往有一个号数可以代表。

星的星座，大致可以比作人的国家。这里我们又可以说天上的星座数与地上的国家数又相差不远，全天的星座共八十八座。这些星座，有人口众多的，有人口稀少的；有面积广大的，有面积狭小的；有自古建立以迄于今的，有新近建立的。我们要知道一颗星，只要先知道它的国家，再确定它的住区和它的地位，就不难寻见。

我们怎样知道一颗星的国家在天上的某处呢？这又和地上一样。地球是圆的，我们把它纵横各分为三百六十度。地球上所看见的天，仿佛是以等距离包围着我们，因此我们也可以把它看作天球，而把它也分作纵横各三百六十度。不过天球上的经线通常采用时经，有如地上的时区，但地上的时区用着时少，而时经则用着时多，这须加注意。我们只要知道地上某一国家的疆域东起经度多少，西迄经度多少，北起纬度多少，南迄纬度多少，就可以确定它在地球上的位置。同样，我们知道某一星座的经纬起迄，也就知道它在天球上的位置。国家在地球上的地位，我们只能想象出来，或在地图上指出，而天球则常有一半像地图似的展开在我们面前，我们可以直接去寻实物。

不过，这展开在我们面前的大天球图，是不像真图那样画好经纬线的，而且它不断地向西卷起，使人迷乱。幸好在秋夜，它的经纬线起点是现在天上的。在秋分之夜（如果是九月初，则要比以下说的时间靠后一时十六分半）十二时，在我们南中天的正是赤经零度，其西一度是三百五十九度，向东一、二、三、四数下去。天球赤道比较固定，如我们的地上纬度是北纬三十度，则天球赤道起自正西，经过天顶南三十度以迄于正东的半圆（另一半圆在地下）。

由赤道及中天经度的交叉点，向东西到地平线，向北到北极都是九十度。这样我们的天图比较有了界线，但要细分，就得借重一点儿工具。看星的书上大致都教我们一个方法，就是把手臂伸直，立起三指，闭一目观看，就大概遮住天球五度。要认十度，可以类推。如要更大，则可取一普通火柴盒，但用外壳，开一目由壳管看过去，直立时壳的外框内可有十五度许，横置则三十度许。把火柴盒略置向前，可得颇准确的三十度。我们试从赤道向北极量，如三次刚得北极，就是恰好。这些尺度不仅可以约测得天球的经纬度，而且可以约测两星间的直接距离，我们常常用得着。

在星座内找某一颗星，那很便当了。视眼所见的都是明星，正如一国内的伟大人物，最多也不过几十个。现在世界通用的星名是以最亮的为第一名。这方法起于希腊，名次用希腊字母表示，后来因望远镜的发明，所见的星加多，希腊字母不够，乃接以罗马字母，再后仍不够，就接用号数。

α、β 的号次虽依明暗的程度，但有时两号星的明度实在相等，因为名字是非每个各有一个不可，而明度则差异较小，同样的可以有很多，这就只能总括地分类。这分类也很早就有了，称作"光等"（即星等）。人们向来把视眼所见的星分作六等。为什么不多分些或少分些？没有什么理由，但凑巧据近代的计算，一等星的光为六等星的一百倍，也就相当便利了。

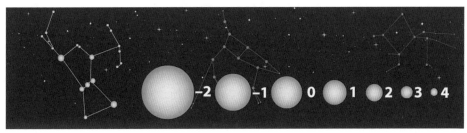

光等

为什么有些星亮些，而有些星暗些呢？第一，因它们有远近。正如我们看街灯，近的就明亮，而渐远则渐暗，以至于不能见到；第二，则因它们本身有明暗，正如灯泡有一千支光、十支光等。就几颗单个的星说，情形很复杂；就平均说，则明亮的都近些，而较暗的都远些。有人算过各等星的平均距离，如下表所示。

光等与距离

光等	一	二	三	四	五	六
距离	五十四光年	七十四光年	一百光年	一百四十二光年	一百九十二光年	二百七十一光年

所谓光年，是光行一年的长度。光的速度是每秒二十九万九千七百九十二公里，一年就是九京四百六十一兆公里（兆作十万万，即十亿；京为万亿）。试想二百七十一光年是多么远，这可真是天文数字了。

近的距离是由视差求出的。恒星视差是先在地球在轨道的一边时测得某星在某度，然后得到地球在别一边时某星在某度，比较其差异而得到的。就这样，恒星最大的视差也只有零点七七五八角秒，为四点三光年。而视差小至零点零一角秒以下，也就不能分辨。虽有别的方法，但或则不能普遍应用，或则难言正确，所以现在能确定其距离的星尚很少，而弥奇珍贵[①]。

凡距离已知的星，我们都能知其性格，这要比就一个人的地位而推测其品性有把握得多。距离近而光等低的一定是一颗小星，距离远而光等高的就是大星，其余都可类推，详细情况后面细说。概括起来则有几点可以注意：同样距离同样光等，红色的星一定大过黄色的，黄色的一定大过白色的；同样大小的星，白色的一定重过黄色的，黄色的又重过红色的。

据詹斯[②]的计算，星的实际光等、大小、重量都有不小的差异。光等的差异有如从探海灯到爝火，大小的差异有如从汽车到微尘，重量的差异有如从足球到羽毛，不过各方面都以在中间的为多。白色、重而小的是白矮星，红色、远而大的是红巨星，各方面平均的是中程星，中程星占全数的百分之八十。

统计的结果在天文学上虽很重要，但看星者所最注意的似乎是颜色。天文学家依星的颜色把各星分型，也有重要的用途。如果星座正可以比作星的国家的话，则星的型可说是星的民族。一个国家内可以有很多个民族，而这些民族往往各有特色。白色的星大家做同一运动，黄色的星又做另一运动。

最初星的分型只有四种，即白色、黄色、红色，及带炭素的红色。晚近的哈佛式分类方法则将星分为十二种，如下：

---

① 利用视差来测量恒星距离仍然是目前唯一比较精确的方法，其他测距方法通常总有比较大的误差。依巴谷卫星目前能够测量毫角秒（千分之一角秒）水平的视差，可以准确地测量距离地球一千六百光年以内的数万颗恒星，当然这相对于整个银河系中的恒星依然只是一小部分。

② 此人有可能是詹姆斯·霍普伍德·金斯（James Hopwood Jeans，一八七七年至一九四六年），英国天体物理学家，曾任皇家天文学会会长，著有大众读物《天文学和宇宙起源》等。

哈佛式分类

类型	星的特征	举例
B 型	白色氦气星	参宿七、角宿一
A 型	白色氢气星	天狼、织女
F 型	黄色钙素星	南河三、北极星
G 型	黄色金属星	五车二、太阳
K 型	黄红色酸化星	大角、北河二
M 型	红色光带星	心宿二、参宿四
N 型	红色炭素星	双鱼座十二
O 型	白色辉线星	船尾座 ζ
P 型	气体星云	猎户大星云
Q 型	新星	—
R 型	红色	—
S 型	红色酸化星	—

但通常提到的星不出前六种，视眼所见到的星更有一半属于B、A两型。这是因为我们居住在这一民族聚集处的区域内。

正如人间，将来天文上的地位，也是民族要比国家更重要些，但我们现在尚不能说对天上的民族了解到怎样深的程度，而且它们在天空的分布太复杂，不如国家显然位于哪一方向。因之，单讲认星，最初总得一星座一星座去辨认。

星座是一种人为的区域，天上也有自然的区域，这些就是星群、星团、星云等，这很有些像地球上的洲岛。不过这不能比得很正确，地球上的区域只能在球面上划分，只有纵横，而天球里除纵横之外有远近；地球上的洲岛是国家所在的洲岛，天球上显见的洲岛则是国家所在的洲岛之外的洲岛。我们这里还是不用比喻，直接说明吧。我们的太阳是一颗恒星，和其他约一百万颗星共组成一星团，许多这样的星团又组成一银河。银河外更有许多银河。星群大都是本星团内的，星团大都是银河内的。银河才成一大单位。银河的组织及银河外的世界，都不能就星座方面说明。

刚开始的时候，我们不要把事情弄得太复杂，现在且按步由星座认起。

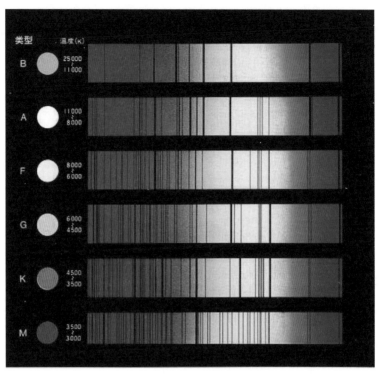

恒星光谱分类

四 一夜周天

普通谈天的书上，在指导人认识星座时，大都规定下每月看几个星座，告诉人这些星座在月之某日晚八时或十时中天。这样，周天的星座刚可在一年之内完全认识。自然，这是很有秩序的，而且稍加思索也可变通应用。譬如书上说河鼓（对应于天鹰）在八月十九日晚十时中天，我们自然可以在那天的晚七时看到心宿（对应于天蝎）中天，九时看到织女（即天琴座 α）中天，次日凌晨一时看到北落师门（即南鱼座 α）中天，乃至次日清晨看到五车二（对应于御夫）高悬。不过初学的人还不惯于这样的思索，而依照书本上的秩序，则又觉得不耐于等待。也许有人思索得出一点结果，但书本就不合于他的便利。大致初习一样东西，多少有点胆怯，看到了八月的商星，多数总不敢对那和它素不相见而到一月才中天的参星怀所妄想，虽然只要参星落后，就可见到商星，本是很浅显的事。

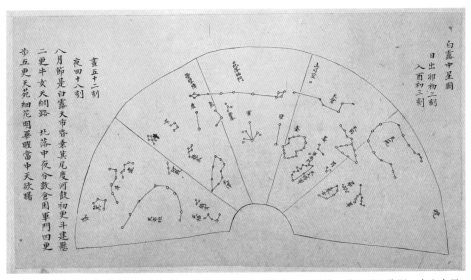

河鼓中天（唐张守节《史记正义》载："河鼓三星，在牵牛北，主军鼓。盖天子三将军：中央大星，大将军；其南左星，左将军；其北右星，右将军。所以备关梁而拒难也。"对应的河鼓二一般指牛郎星，又名天鹰座 α）

由于地球绕日（公转）一周而出现的恒星地位的变动，实在和地球自转一周而出现的恒星的转动仿佛，而一日的转动更容易诉诸人的视觉。周天的情形，除太阳左右十五度（赤经两时），因为太阳的光芒所逼，不能看出以外，其余的三百三十度都可在日落以后、日出以前清楚地看到。例如，白露节左近，太阳约在赤经十一时，则日落以后可以看到赤经十二时到二十四时的星象，日出以前看到赤经二十二时到十时的星象。若是金星在最大光辉期内，它十分逼近太阳，则所看见的星象更可以一直逼入太阳的领域。若更侥幸自己的目力很好，说不定中午的时候也能寻见金星，借以推测其他星的地位，则虽在白天，而天上的星象在你的想象中也了如指掌。因为在金星及太阳西面的，在日出以前已见过了，在东面的是昨天日落后见过的，而且今晚还要见到。

　　前面说过，秋夜的天空是怎样的清朗。同样的一颗星，在冬天看到时没有在秋天看到时明亮。所以，便是冬夜中天的星也值得在秋天先赏鉴一下。就说

秋夜的星轨

巴蒂星图中的秋季星图

仙后、英雄（可能指英仙，也可能指仙王）、御夫、金牛、双子这几座吧，在冬天只能看见它们是散布在蓝幕下的粒粒疏星，而在秋天的下半夜，则可以看见它们浮浸在银色的秋河里。如果早在夜半的时候就专门注意东北角，还可以看到秋河似潮一样不断涌出地平线，而明星也一粒粒涌上来。凑巧那边正是水天相接的地方时，我们会错认是燃着明灯的航船向我们行进。但接着看见它一直驶入天河，又不禁起天上人间之感了，正是"纵然不畏牵牛妒，何处乘槎觅帝孙"。自来把人神尚无畛域的时代称作黄金时代，我想是对的，因为他们可以有想象，而这想象是美丽的。

在初秋，偶然一夜直坐到四五更，想来是不困难的。如恐精神不济，也不妨早一天只看上半夜，而把下半夜留到次晚。次晚先做一次小睡，到十一时再醒起来。每一夜星的地位虽然要移几分，但对于用视眼观察的人无甚显著的差异。如果早一夜十一时立在窗前看见壁宿（仙女座 α，在赤经零时五分）在一棵树的顶上，则这一夜一定还在那棵树的顶上。两夜这样一连接就正如一夜，而周天星象的十分之九都在这一夜里得知大概了。把周天的星象选一个秋夜分时说明，想来更能满足初试看星者的欲望吧。

我这里选择了九月一日，照阳历说，是秋的开始。前面说过，赤经零时，在九月初是夜一时许中天，那天十时许是赤经二十一时中天，七时许是赤经十八时中天。中天以西，更有六时经宽的天空可见，正是前面所说的西起赤经十二时了。

书中后面的图就是照赤经十八时中天画的。北天的图东在右，南天的图东在左，是取其与我们面对南北所见一致。我觉得这种图最能使初学者明了，比圆图好些。第一〇八和一〇九页中的图是同夜十二时的天象，第一二六和一二七页中的图是天明前五时的天象，第二〇六和二〇七页中的图是三月后天明前五时的天象，其南天东面已达第二幅的西边而衔接起来。至于北天的衔接，是完全清楚的。

虽然图上星的视位置已正和我们所见的星一样，但初看时我们仍是一时寻不出头绪，因此来略加说明。在说明之先，关于选择了九月一日这个日子的理由也提一提。第一，大凡星图指示的日期不外是六日、二十二日（月节）及一日、十六日。第二种办法尤习见于历书，这是选用一日的理由。至于九

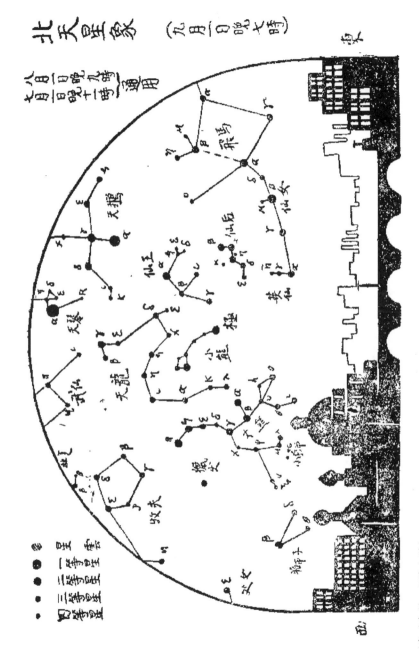

北天星象（九月一日晚七时）

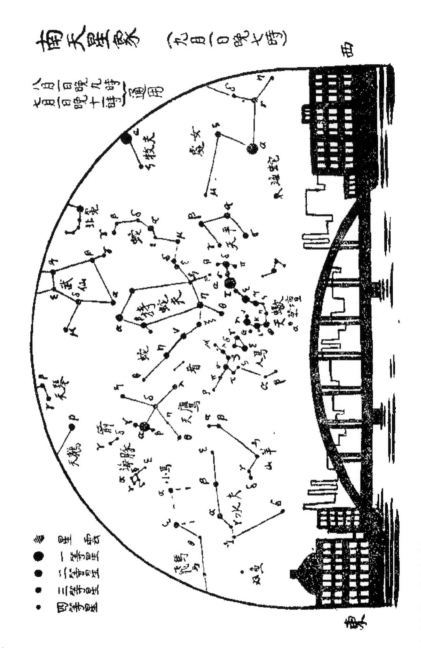

南天星象（九月一日晚七时）

月，则是因为它是初秋的一月。依西洋习惯，是初秋；依中国习惯，一部分是中秋（立秋在八月七八日）。一日还在初秋，这时节天未全凉，正适宜看星。第二，九月一日，织女八时中天。牛郎织女的故事是最能引起中国人的注意的，七夕之名大概就是由织女中天而来的。我们用九月一日，可从它的中天说起。大凡认星，最好先认识个大星，由此出发，而这颗星的位置又最好是在天顶。织女中天差不多是在天顶的，而且它是北天球最明的恒星，自然非常容易认识，则选它作为我们看星的起点，自很适宜，因之说明就从织女排起。

中天以西的星座都再没有好多的时候留在天空。既然先认识织女，就先和其西的星座打一下招呼，其寻认的次序如下。

北天（由织女向西）：天龙→北斗（大熊）→后发→牧夫→北冕

南天（由西南起至织女南）：角宿（室女）→天秤→房心尾（天蝎）

中天星座由织女南偏西，接房心尾延向北直抵北极，北极以北的星不可辨。

中天以东的星座，同夜都有它们自己的中天时刻，如下所示（就每三十度的中线上算）。

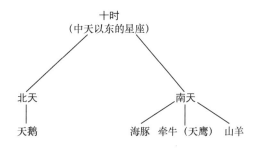

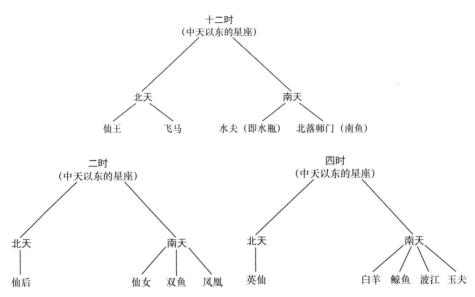

十二时
（中天以东的星座）

北天 — 仙王、飞马
南天 — 水夫（即水瓶）、北落师门（南鱼）

二时
（中天以东的星座）

北天 — 仙后
南天 — 仙女、双鱼、凤凰

四时
（中天以东的星座）

北天 — 英仙
南天 — 白羊、鲸鱼、波江、玉夫

四时后，不能再等什么星中天了。虽然也许毕宿五、五车二的中天都可看到，但晓色将开，我们不便多等待。我们要趁早以英仙座 α 为界线，把东天的星寻认一个大概。由英仙到北极一线以东，东北角是天上星稀之处，没有什么可认，不过如早看，明星如金牛座 α、五车二、双子座 β 却都是从东北升起的。

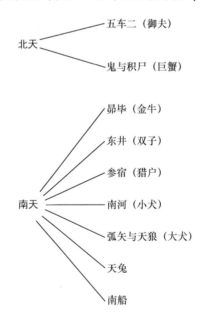

北天 — 五车二（御夫）、鬼与积尸（巨蟹）

南天 — 昴毕（金牛）、东井（双子）、参宿（猎户）、南河（小犬）、弧矢与天狼（大犬）、天兔、南船

由巨蟹到室女间的星座完全不能在同夜看到，但秋天还很长，我们可以到十一月底补看，其间总共只有狮子、长蛇（附巨爵、乌鸦）、半人马三座。

这些图都可变动应用，譬如九月一日晚七时的图就略与八月一日晚九时的一样，十一月三十日晨五时的就略与四月一日晚九时的一样，现列表如下（但取所当之上半夜）。

星图的变动使用

标准星图	变动使用时间
九月一日晚七时	八月一日晚九时、七月一日晚十一时、六月一日次晨一时
九月一日中夜	十月一日晚十时、十一月一日晚八时、八月一日次晨二时
九月一日次晨五时	十一月一日次晨一时、十二月一日晚十一时、一月一日晚九时、二月一日晚七时
十一月三十日次晨五时	二月一日次晨一时、三月一日晚十一时、四月一日晚九时

所以，我们如想改取逐月观察，在有了一月一日晚九时、四月一日晚九时、八月一日晚九时和十月十五日晚九时的星图时，以外的都不难略移时经而得了。

现在也不必繁及这层，我们先及时欣赏秋星。

五　织女

　　我们有一个流行的称赞人的名词——明星，又有一个称赞人的名词——皇后。在真有许多明星的天空，皇后这名词是用得着的，而这顶宝冕最适当的承受者是织女。本来，她是有"夏夜的皇后"名号的，但我想在中天的时候更像些。

　　不必嫌皇后这名词太陈腐，这两个字远不及皇帝讨厌。她也只是以美丽供人欣赏者，而且自皇帝被取消，她已属于大众，意义更和从前不同了。中国古代星的题名依照官制，什么帝后太子、上辅少弼，确实讨厌不过，但帝孙织女不引起我们的恶感。把这样一颗美丽明亮的星归之天孙，而把那些小丑昏黑的

天琴座

星称作帝后辅弼，我想古时的人也就不大喜欢皇帝。

织女真是非常美丽，有点像维纳斯，尤其是在初升和将落的时候。在我们所能常看到的恒星中，只有天狼比它明亮，而且同属白色氢气星（A型星），就科学上说是同类，但天狼因为太亮而带有威严，我们感情上觉得它是刚性的，而织女则是柔性的，使我们觉得织女更可亲近。

西洋人称织女所属的星座为天琴，这也是个带有轻灵微妙的意味的名字。据传说，这七弦琴是海勾力士（今译赫拉克勒斯，武仙座中的那个武仙）用以惊起飞鸟的。又一说法，则说七弦琴是希腊音乐家奥佛士（今译俄耳甫斯）用来迷醉森林猛兽的。我想后一说法更可以使人感到它的柔和。在带有丰富音乐气味的秋夜，细细领味这个故事，再凝视天琴的辉光，我们也可以觉得受了同样的陶醉。

说这陶醉是由于想象中的音乐，不如说是由于直诉于视感的色彩。所以，我们暂搁开天琴全座，而单来说叫作铩羽（Vega）的这颗星吧。我们通常讲织女也就是讲这一颗星（严格地说，应称作"织女一"）。它的光是这样沉静，如果把青苍的天空比作一片森林，则这是森林内的一片晶莹的潭水；如果把天空比作美人的碧衣，则这是碧衣上的钻石。不，钻石太小气了，应该说美人的明眸。明眸，是的，古诗人早就说过"澄蓝的天琴，像少妇眼中柔婉的蓝辉"。

但真溯到很古的时候，我们也许该替古人惋惜，他们也许并未看到铩羽有这样的光辉。希腊诗人阿拉突斯（Anatus，又译阿拉托斯，约公元前三〇〇年）在歌咏列宿的时候，曾说过天琴座里没有明星，或者那时铩羽还未达到现在的亮度吧。

恒星这名词虽然现在还用着，其意义却早已过去了。我们已知道，每一颗星都有其自行运动。现代科学已能算出一些星向我们来、离我们去的速度。虽然因人类生命的短促、官能的迟钝，总不及看到它们显著的变迁，所以觉得恒星这名词还可暂用，但渺小的人类所辛苦勤劳积下的几千年或自负点说几万年的文明，也已经诉出有好些恒星变了光等，改了地位。我们现在所能得到的古代记载还是不大正确详细，若我们现在能较为正确详细地记载，再传下同样的年代，也许我们的后人定要取消恒星之名吧。也许并不需多少代呢。

天文学家说，织女运动的方向是以秒速十四公里向地球来的。我们的太阳以秒速二十公里向天琴座迈进，这更是很通俗的话题。科学家虽不怎样深说，在平常人却是很有趣的幻想资料。

　　假定两下是在一线对进吧。一秒钟三十四公里，虽然只有光行秒速的约万分之一，但一天也会走近九点八光秒，一万年走近一点一三光年。织女的距离是二十六光年，而它的光辉为太阳的五千倍。二十万年后，我们也许会有两个

罗马马赛克镶嵌画中的奥佛士

或不止两个太阳吧。十日并出等神话虽再不能使我们相信，但我们仍可以创造我们自己时代的神话。比之专家，我们也不用掩饰自己的浅陋；比之将来更进步的人类，现在的专家也许仍被认为是神话的创造者。譬如我们现在见到第谷所提出的地球不动，若是地球旋转，则地球上的东西会被抛掷出去的说法，不也认为幼稚吗？

且不要幻想得太远，只说一万年后吧。赤极在下移动着，我们现在的北极

东汉壁画中的织女和牛郎

星渐渐更为近极，但到二○九五年就越极而又渐远离了。慢慢地，仙王座里的某星成为北极星，再后来天鹅座里的某星成为北极星，而一万一千五百年后，织女就成了北极星。那时我们距织女更近一光年多了，它当然比现在更亮，而且永在正北。不过我们看不到那景象也无须懊恼，我们现在能看到它升降时的美丽、中天时悬近天顶的情境，也是万年后的人所无从领略的。

我们且来再细看看天琴。它在天顶偏北（这是因为我们住在地球上北纬三十度左右的缘故）。就这一星座说，这时易见的星织女在最西了。在织女的东北，两颗四等星东西列着微向东北斜。织女的东南是三颗星构成的小三角形，南边两颗，北边一颗。中国民间说这五颗星是织女的织机。

三角形南边的两颗，近织女的是天琴座 β，远的是天琴座 γ。这两颗星在中国别作一座叫渐台。我想谁也不喜欢这个分立，如果织女没有了机架，未免太寂寞了。β、γ 两星的性质很为有趣，因为它们都是变光星，看星的人连看几夜就可以察出有时两颗星等亮，有时则 β 星要暗得多。据推测，有颗暗星绕着它转，暗的时候就是食的时候。β、γ 两星之间有一片环状星云，中间有一颗星作为核心。这也许是将成形的另一宇宙。这星云的距离约为八百数十光年，不用望远镜是看不到的。

东北的天琴座 ε 则是一个视眼双星，目光相当好的人都能看出。我们能见这件惊奇，应该感到满足。但望远镜告诉我们这两颗星又各自是一对双星，每对的旋转周期在二百年以上，且两对远绕着公共重心旋转，周期达数千年。这未免更使我们神往了。

但是，我们暂时不要希望看望远镜中的奇景。星是这样多，只要再对天琴凝视一回，便会看见更有许多小星，直小到与银河的光点晕成一片，无法辨清。我们暂不必细认吧。时间已经不早了，再迟北斗要落下去，我们还是转向西边去吧。

在西洋，天琴没有什么故事。在中国，织女的神话最美丽丰富，但已经有专门记载这些故事的书了，且现在也不宜多费时间，我们且沿着天龙去寻出北斗吧。

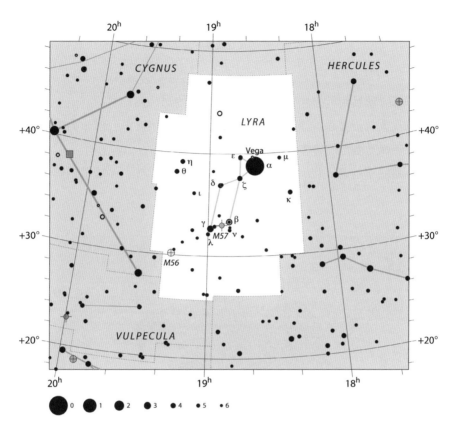

天琴座星图

六　天龙

　　前一篇的题目用的是中国名称，这一篇用的却是西洋名称，似乎有点嫌不一律，但我也有点理由。星的名号本来是由习惯传下来的，西洋的天文学家沿用希腊的名称是当然的趋势，但其中已包括一些阿拉伯、埃及的字了。希腊字、阿拉伯字到底不容易记忆，因之西洋各国对于星的称呼，多数各用其本国的通

天龙座

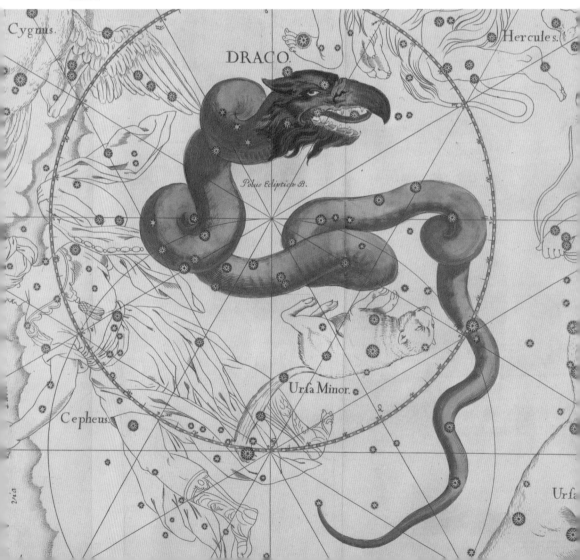

用字，并且本国有特别名称的星也维持着。譬如美国人称北斗为"大勺"，英国人称北斗为"差利（今译查理）的马车"。虽然学术上有统一的必要，但星名沿用希腊传统是不是最好的方法，已经是疑问。星座区划整理的拟议且不说，即同座星中依星光的强弱依次加希腊字母的办法也因星的性质不同而已有改变，譬如变光星就已另外编号。现在西洋天文学上的星名，怕终于也要改革了吧。但无论学术上如何改革，民间习惯的称呼仍然会维持下去。学术上要求整齐，习惯则要求亲切。一颗星或一座星的习惯称呼，自然会引起我们的亲切之感。中国民间还流传着许多星的名号，虽然知道的人也未必认识，但为引起人看星的兴趣，是应该利用的。

依上面的说法，似乎该一律尽中国名称用了。例如天龙，本也可以寻出对照的中国名称，何以又不用呢？这是因为中国书本上的名词对一般人本没有亲切之感。三垣里面的星向来又分得太细，非常烦琐，也没有一一知道的必要，不如西洋分座那么一目了然。例如，仙王是很易认的，而在中国分属天钩、腾蛇；仙后是很易认的，而在中国分属王良、策、产道、传舍，极其错杂纵横，都只能放弃。很侥幸，民间很熟悉的几个星名和西洋的分座很相近，所以这里可以说有一原则，分座依据西洋，而有与习惯相合的中国名称时，则用中国名称。

现在且先看天龙的形势吧。居在高纬度地方的人，如纽约、伦敦（天龙座 ε 是伦敦的天顶星，有专名叫龙头）、北平（即北京）的人都可以看到龙头高据天顶，而织女在较低的天南。所以，人们普遍都说天龙两眼下窥铢羽。现在我们看织女就在天顶之北，只可以说天龙翘首上窥了。天龙的左眼是天龙座 γ，但实是天龙座内最明的星，而且与织女最近，约在其东北十度。我们当然会最先看到它，一看到就察觉那里有四颗星形成一个不整齐的菱形，就是天龙座的 γ、β、ε、ν 四星构成的龙首。这龙首显然故意向西南拗过来一点，因为龙首以下一段的龙身明明是由西北向东南游去的。由龙首到最西北（正是天河的岸边）的龙身，约占天龙全长的三分之一。在天河岸边，龙身曲了两曲，旧图看是缠了一圈，就又拗向西南，又约三分之一，就把所余的三分之一的尾部直掉下西北方去。在九月初的初晚，尾部已差不多接到地平线。最尾端的 λ 星和指极星、北极星差不多成为一直线。由这颗星向右可以寻出北极，向左可以寻出北斗。这句话也许该颠倒过来说，认识了指极星与北极星，才容易把这颗小

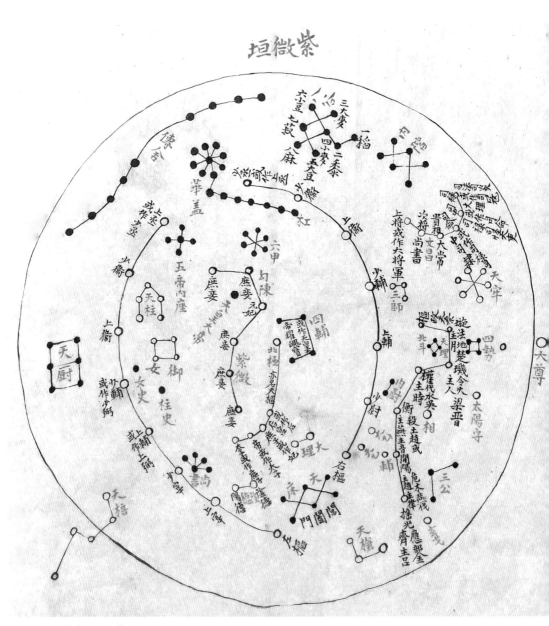

中国传统星图"紫微垣"

星寻出。不过我们还没有说过指极星，为方便，颠倒应用一下吧。

老实说，西洋的这个天龙座我也不喜欢。不仅这条天龙，天上的四条蛇——天龙、巨蛇、长蛇、水蛇都是看星者的磨难，很不易找。西洋方法只不过比中国的古法稍微好一些罢了。在中国的星图上，龙尾的一星是上辅，同样绕极延长下去，穿过天猫座、鹿豹座而直入仙后座。线上的四颗星叫作少辅、上卫、少卫、少丞。由龙尾逆数到龙身，则是少尉、右枢（天龙座 α）、左枢、上宰、上弼、少弼等。少弼是天河岸边龙身未折之处。中国星图上由这点不屈曲而绕极延长下去，穿仙王座而接仙后座，线上又有上卫、少卫、少丞三星，差不多形成绕极的一个大圈子。至于龙头，则别成一座叫天棓。天河边缠曲处别成一座叫天厨。天棓、天厨的分立倒是可以赞同的，但那个大圈子实在太麻烦了。

天棓、天厨，及由少弼到右枢诸星，都在黄极圈内。右枢就在黄极圈上。在讲织女的时候已经说过，因为黄极移动，凡黄极圈左右的星都要相递而为北极星。现在的北极星渐渐近极，因之在北极星后者是未来的北极星，在北极星前者是过去的北极星。不过这里所谓过去、未来是勉强应用，黄极圈如环无端，二万六千年而一周。织女固然是未来一万一千五百年后的北极星，但也是一万四千五百年前的北极星。有人以为织女又被称天之生命、天之判官还就是在它为北极星时传下来的。不过现在既对万年前的历史还不很清楚，则就过去的万年论，把赤经十八时以东黄极圈上的星称作过去的北极星也还便利吧。

右枢的西洋专名叫吐般（Thu an），是埃及字。在黄极圈上过了现在的极心六十余度，就是它已经离开极心四千多年了。它作为北极星的任期大概很长，至少由五千年前到四千年前任了一千年的北极星，因为它的左近没有别的星可以争它的地位。若以我们现在的北极星盘踞中央之久为比例，它也许不止一千年呢。由伏羲到尧舜时的天官看见的北极星都应该是它，不过这在我们古国也已无考了。

我们有造琼台的商纣，有造阿房宫的秦始皇，但他们逞奢欲的建筑都已付了灰烬，没能似金字塔样地兀然存在，但就存在也未必能像金字塔样地成为学术上的佳话吧。金字塔中的长甬道每是为测星用的，所以局朴斯大金字塔（即胡夫金字塔）的甬道可算出是为天龙座 α 而筑的。这甬道高宽各四尺，渐向正北上倾延长四百尺。在甬道的内口，可以看见那时的北极星。在那时，天龙座 α 比我们现在的北极星更近真极。可惜费了很多力筑成的甬道，不久就又无用了。

中国星图上，右枢右面有两颗小星，叫天一、太一。这太一已绝不是《史记·天官书》上的太乙，因为它既不是"明者"，也不曾有过居极的荣幸。太乙本是中国古代很尊贵的神，不知何以堕落至此。

西洋对于天龙有几个说法，有说这是诱惑夏娃吃苹果的蛇，当然是后来随基督教传来的。老故事则说它是为天后赫拉看守金苹果的百头龙，后来被海勾力士（今译赫拉克勒斯）杀了。赫拉和宙斯结婚之日，大地女神盖亚把金苹果送给宙斯。为酬劳看守者巨龙，宙斯就把它列为星座。这说法有一点便利，海勾力士的星座的确就在它的旁边。天上和海勾力士有关的星座不少，我们在后面都要提到。

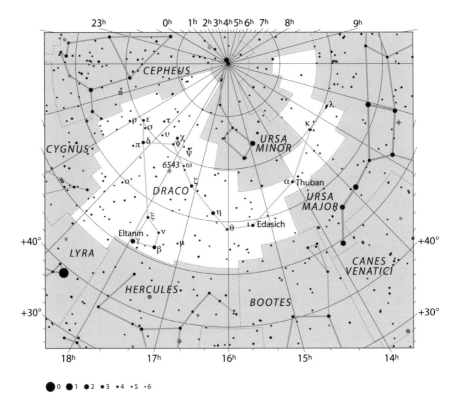

天龙座星图

七　北斗

自然，一时我们绝不会忘记了织女。前面我只说了它的明亮，而没有细说它明亮的程度，现在补讲似乎不迟，并且听我说下去，你也许还觉得在这里讲很合适。

看星的人自然喜欢比较这一颗星或那一颗星较亮。两个人同看，有时就不免起争执。实在地说，这样的争执几乎是无法解决的。不过历来的天文学家已为很多星分定视眼光等（即视星等），我们遇到争执时，不妨姑且承认那权威的决定。说"姑且承认"的缘故，是因为各人的目光并不全同，本可以容许一点差异。

前面说自来把视眼所见的星分为六等。看不出六等星的人不必为自己的目力悲哀，但若是连三等星都看不出，就失掉看星的资格了。就使一个人目力很好，初看星时只注意三等以上的也比较便利，因为其数目很少（见下表），尽可以一一数出。

三等以上星的数目

光等	一等星	二等星	三等星
数量	二十颗	六十五颗	一百九十颗

这数目显然成一比例，就是次一等的星约为上一等星的三倍。这比率在我们的目力限度之内都是相当准确的。单就前三等说，把一等星数作为二十一，就更近实数了。

每等星的光差为二点五，即二等星有三等星的二倍半亮，但在一等星中各星亮度的差异很为显然。因为所谓一等星把亮于二等的星都包括在内，其间本身就有四等的差异。因此，一等之上又有零等、负零等、负一等。负一等的那颗星已侵入负二等的边缘，不过零等以上的星只有两颗，不必细较。零等的有六颗，织女即其一，并且就是这等的标准星。一等的标准星是河鼓二与毕宿五，这两颗星要以后我们才能清楚。二等的标准星就在现在所要说的北斗（大熊座）

内，两颗指极星都是，此外还有四颗也相差不远。

假定天上的各等星都是平均分配在天空中的，我们把天球均等地分为三十六块，则一等星约需两块内才有一颗，二等星在一块内不到两颗。大熊座是一个庞大的星座，其地盘大略恰得全天球的三十六分之一，本来也只该占有两颗二等星，然而有六颗，这指示出各等星在天球上的分布不平均。这不平均的分布是很可注意的一个事实，但暂时我们且只感谢由这不平均而有明星集地一处的美观。

因为七颗差不多明亮的星同在一座，每两颗间的距离又都只在五度左右，自然这星座成为极易被注意的。中国古代就特别把它与青龙、白虎并称，可见

大熊座

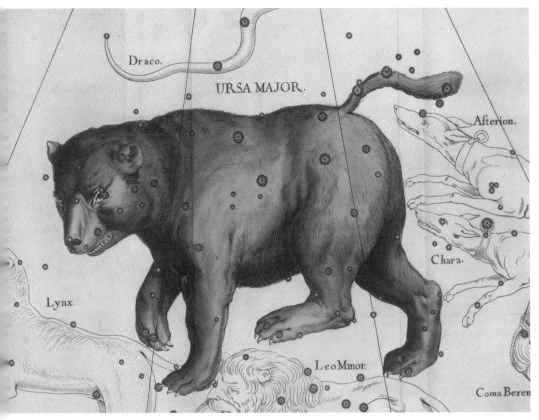

其特异。且我们前面已寻过天龙的细尾巴，当然更不难在龙尾之西找出大的熊尾。但知道熊尾而想寻出全个熊身，那恐怕白费精力。大熊座虽然已是国际学术上的定名，但一般看星者和写指导人看星的书的人都说这熊并不像。大熊座是由这七颗明星再加些小星构成的，但平常人通常只注意七星。尤其在我们长江流域的秋天，大熊已向北海爬去，头已差不多沉下了海，我们更只有单看它未沉的半影。但只见半影，也无须懊恼，看见头部反要失望呢。

我们也无须再说熊的半影。我们正好用我们的老名字北斗。在我们的文字中，斗字的意义显然改变了。诗里说"维北有斗，不可以挹酒浆"，自然这斗不是现在圆筒状的斗，而是有柄的勺。较后的书上就每每斗勺连用，大概就为了

大熊座中的北斗

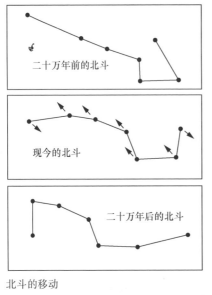

二十万年前的北斗

现今的北斗

二十万年后的北斗

北斗的移动

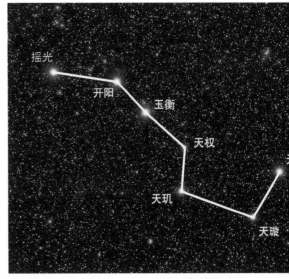

北斗七星

更清楚。勺，真是像，尤其像现在普通形式的瓷调羹。勺的部分是口大而底小，柄的部分是先向上弯而终又弯下。

同样把这七颗星称为勺的有美洲印第安人，而且这称呼为白种人所接受，成为美国的通称了。据说印第安人是由亚洲去的，这斗勺的名称也许是由亚洲带去的吧。不过我们是以北斗与南斗比较，它们是大勺小勺并称。称小熊座为小勺，也是很像的，不知我们何以自来就没有这说法。

北斗七星，习惯都是由勺尖数起，西洋是 α、β、γ、δ、ε、ζ、η，各颗的专名是 Dubhe、Merak、Phecda、Megrez、Alioth、Mizar、Benetnasche；中国是一、二、三、四、五、六、七，各颗的专名是天枢、天璇、天玑、天权、玉衡、开阳、摇光。天枢和天璇是指极星。由这两星间画一直线延长出去，也可寻到北极。开阳是早就被发现的双星。其余的专名都没有特殊的意义。中国的七个专名都不见有何意义，大概不外是它们在紫微垣内，加作点缀。北斗附近，就是那些西洋总括在大熊座之内的星，中国更有三公、三台、文昌等名称，都不必细计，当作北斗的附属部分好了。美国人以为大勺的范围不及大熊，说大勺时总说明它是大熊的一部分，其实也是不必要的。一律把小星认作斗勺取水

北斗七星

时滴下的水花，不也可以吗？

　　同星座中的星常常没有什么关系，北斗倒比较是一个有相互关系的集团。除开了天枢和摇光外，有五颗星都属于同一星型，离我们同样远，向同一方向移动。这被称作移动群（星群），是天文学上较新的收获。由星群的发现，我们可以对宇宙的机构多一点了解。北斗中五星所属的星群，现在称为大熊星群，这与大熊座完全是两种。大熊星群中还有其他的星，如天狼、北冕座 α、御夫座 β 等，都在同一机构之下。现在我们的太阳就位于这一星群里，不过太阳并不是其中的一分子，因为太阳既不和它们同型（它们是 A 型，而太阳则是 G 型），也不和它们同运动，不过凑巧太阳的行程经过它们的境内而已。

　　大熊星群与其他星群结合成本星云，许多星云及单星再结合成银河。星群可被注意的理由就在此，现在我们还不必多说，因为下面一定有机会再讲到，那时我们知道的星多些，了解自然容易些，现在仅把星群的名词提一提就够了。

　　因为大熊座 α（天枢）、η（摇光）和其他五星的运动方向不同，将来北斗的形状会改样，大致是勺尖更向外斜，而柄头更向内曲，终于有一天要勺放直成柄，而柄反曲成勺。这时期大概在二十万年后，我们自然无须烦虑，就这样要两颗指极星不成向极的直线还要几千年呢。

指极星的利用，总的来说是几千年内我们祖先和子孙特有的幸运。向很古说，生于先秦的祖先不曾注意过指极的斗勺，而常说斗柄，这自然是因为北极星不同，而视它为无关，但指示季节也离不开北斗。《月令》所说的"斗柄悬在下则旦"和《时则训》（淮南）所说的"招摇指子"之类，虽非直接用今指极星，而情形极相似。关于招摇，我们现在已不能怎样确定，有人以为是牧夫座 γ（现在就冠着这名字），有人以为即是摇光（淮南高诱注），有人以为是指开阳、摇光二星，又有人以为是全个斗勺。也许全都不对，因为这些都不能作为指极的标准。虽然书上也并未说招摇指方向之外同时指极，但似乎要指两方才更自然。假定招摇与摇光有关，而《时则训》所说是帝星作极时的事，指向是初昏时的向，则仲夏之月，招摇指午，昏充中时，摇光确是同时指极指向的，招摇就可以是取同经线上别一星与摇光合称而成的。

另一称用玉衡表示季节的方法，如说"玉衡指孟冬"，就比较明了，因为那时的它大概指着零度（穿极而过）。我们现在要从北斗指出零经，就要用天玑、天权之间在赤经十二时的一点，但天玑、天权之间的一点要藉仙后座 β 来确定，而在我们的纬度，常常仙后与北斗不能并见，所以用指极星实为最便。

中国历上的二十四节气用来谈天是极便利的。指极星在秋分线前十二度，我们不妨用白露线来称它。它指子（正北），就是其对面的惊蛰线中天，如是在中夜中天，就是白露节，这是我们立即可以观察出的。如它中夜指午，就是在惊蛰节，其余类推。如果我们仍要依古时仲冬之月指子等次序，则所说的时间就是下午四时，这是没有用的。若为便于观察，用下午八时，则是孟秋（白露节时）之月指戌，仲秋指亥，季秋指子，依次顺延下去。

这说法很可作通俗应用。记得孟秋指戌等十二句，就能由看星迅速说出时间。因为既知白露日晚八时指极指戌，则当日指酉时是六时，指亥时是十时。如再把方向分作二十四方，可以说定某一小时；分方向为四十八方，就能说定半小时。能确定度数，可以一分不差，岂不是极便的自然钟？不过在我们所居的纬度，指极指西北以后就不大可见，我们能利用这自然钟的时候到底不多。秋分时，我们才又见它晨现东北。所以，最可利用时是春分时指极昏见东北。

不过话说回来，凡不能从指极认时刻的时候，都是可以由仙后座 α 认出时刻的，因为北斗沉下以后，仙后就差不多中天了。仙后座 β 指向的地支，大约为与指极相克（不过早一小时，如用室宿，就刚正对）。本来仙后座 β 与壁宿也称三指极星，下面我们将再提到。

北斗这样重要的星宿自然有它的故事，中国七政古说已不可详考，也太呆板。民间北斗主死等说法很有意思，可惜很难收集。此外，有把斗魁作为魁星的（别有人以奎宿为魁星，字也写作奎），就是更习见的星宿了，纵然这不很定准。魁中的文昌是与魁星齐名的，其受人崇拜，更超过魁星，简直和关帝一样普遍，一文一武，同称帝君。连万世文宗的孔子也不过是文宣王，在科举时代也要对之却席。但科举时代过去了，文昌宫也随之成了冷庙，它是否能像孔子一样再受太牢之祭就不可知了。照说，是由它过去的好。

西洋的大熊故事，则纯然是个美丽的、悲剧式的恋爱故事，与小熊联系，现在附述在下面。

大熊是名为加丽斯多（Kallisto，今译卡利斯托）的女子变成的，她本来是猎神阿尔忒弥斯的友伴之一。她生得非常美丽，最为阿尔忒弥斯所喜爱。有一天，她用素带束起了头发，穿着裹身的外衣，带着长矛轻弓出去打猎。炎热的中午，她仰躺在森林中的草地上休息，被宙斯看见。宙斯爱上了她，幻作阿尔忒弥斯的形象迷惑她。到她发觉抵抗，已来不及了。后来一天，她随着阿尔忒

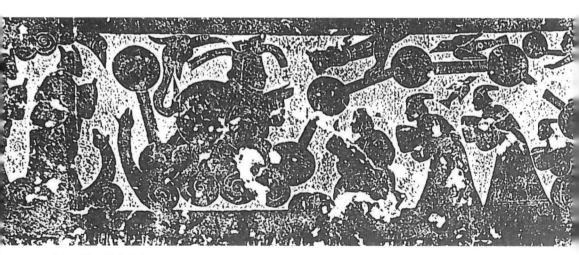

东汉画像石中的北斗

弥斯出来打猎。阿尔忒弥斯领头在清泉中沐浴时，她不敢脱衣，因此被发觉怀孕而被逐出。

天后赫拉本来是最爱忌妒的，现在得了报复的机会，本想立刻就下手，免得她的孩子生出来，但终于在她的孩子诞生后，才实现给她的惩罚，把她变成一只熊。美丽的面貌变成了熊头，鲜红的樱唇变成了血盆大口，柔美的素手变成了利爪，白臂上生满了黑毛，连酥胸上也长出了下垂的长毛；也不再会吐柔婉的声音，而只有粗野的咆哮。她虽然还是人心，却不再被看为人类了。她不愿和熊类在一起，只躲在静僻的森林中，以避猎犬的追逐。

一年一年，她的儿子阿尔卡斯〔Arcas，该词就是希腊的熊字，因北极有白熊，所以称为熊之地——arctic，一般译作北极。牧夫座的黎熊（arcturus）一词也是由该词来的，所以有人以为原指大小熊，但牧夫也和熊有关系，所以不能细析。这熊既是白熊，前面加丽斯多生黑毛的话，似不很对，但历来的人都采用如此写法，大概以为白熊也是由黑熊变白的〕已经十一岁了。他不知道母亲的命运，有一天狩猎到林中，为加丽斯多所见。她忘记了自己已是熊，高兴地走向他去，张开手要拥抱他。

少年哪里知道这隐情，以为熊是在攻击他，于是挺起长矛要刺。就在这千钧一发的时候，那早忘记加丽斯多的宙斯忽然在奥林匹斯山上瞥见这垂垂发生的罪孽，于是立即把他们摄上天空，放他们做大小熊两个星座。

随后赫拉发觉这处置，她所想压下的人反被提高，高到她也是莫奈之何的地位，自然异常愤怒，于是去求海神波塞冬助力。

她向他说："现今北极那里两个新出的星座原来是我所惩罚使其变成熊的女子和她的儿子，他们由宙斯置为星座。宙斯这处置竟是故意妨害我，我非对付他不可。唯一的办法是请你永不给他们水喝，禁止他们到你的海里来。"

海神本也是和宙斯不对付的，自然同情赫拉而应允她，于是大熊小熊就永远绕极彷徨，毫无归宿。住在奥林匹斯山上的赫拉自然满意了，但如果她迁上永住峰，一定会感到满意的虚妄吧。

大熊小熊永不落海，也并没有使其受到赫拉所意想给予的难堪，反而受到航海者的重视，取为北极的标识。赫拉的妒意，怕从来也不曾消平吧！

Dictynnæ dilecta comes Junonis, ob iram
Ursa fuit, & nati cuspide pene perit.

Non tulit omnipotens, natamq; Lycaone, cælo
Arcade cum nato sidera in axe locat.

阿尔卡斯与熊

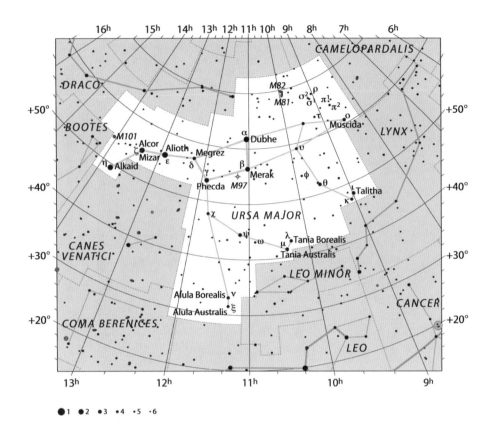

大熊座星图

八　后发

在北斗西北，大狮小狮不定期有一部分可见，但乍看星的人至多只看得出大狮的尾巴。就以狮尾离北极这样远的距离作半径，以北极为中心向东画大圆圈，约四十度，就可以找出大角。或者先找大角更容易些。中国古书上向来说斗柄常指角亢，现在我们可以不必管这角是大角抑是角宿，因为由斗柄作一线延长出去，先到达大角，然后到达角宿。斗柄指大角，虽没有指极星指极那样准确，但在线的附近并没有第二颗一等星，自然也极易认清。大角可实在是一颗很迷人的星，希望你从它寻起时，找出后不要多留恋，马上用大角距极作半径向西画圆圈，就可以画到狮尾上。

为什么这样麻烦地说这条线呢？因为如果不想象出这一条线，就很难寻出那附近的一个小星座。这星座叫后发，位于大角与狮尾之间，且小部分就在线

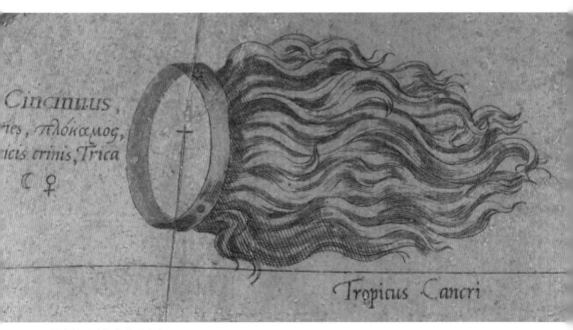

墨卡托天球仪中的后发座

上，大部分在线圈之内。这星座中连一颗三等星也没有，四等星也只有两颗。这似乎简直不值得关心，我相信中国古来是不会注意过它的，但在西洋这星座很早就有。不知他们为什么对它特别关心，而且很幸运，近代就发现它有许多值得注意的理由，附加上去，使我们依然觉得它很可注意。

第一，自侯失勒（今译威廉·赫歇尔）注意银河大圆的研究以来，就搜讨出银河的北极在后发座中。他说银河北极在赤经一百九十一度四十五分（十二时四十七分），赤纬北二十七度，以后虽迭次略有修正，但始终没有出后发座。目前所公认的银河北极在赤经十二时四十分，赤纬北二十八度，与侯氏所定相差仍是极少。

这星座的区域最北约达北三十四度（最南约达北十四度），所以中天的时候，正当我们的天顶。当这星座在天顶的时候（四月一日中夜中天，以后每日约早四分钟），我们就将看不见银河的一点踪影，因为那时银河大圆正与地平线密合，虽河面有一部分还在地平线上，但一则我们的视地平与真地平相差尚

后发座星团

不少，二则银河的光很淡，不能从蒙气中透出，所以全不能见。银河虽看不见，而银河的大圆极易想象出来。

我们在那时很容易注意到天上的星的分布。近银极处，星的数目很少，愈近地平线，星的数目愈多。另一现象是西方北方地平线上没有明星，东方南方明星萃集。这两种现象是须分开说明的。简略地说，前者是银河现象，后者是本云现象。本云是太阳邻近的星集成的星团，我们身处其中，看着是一颗颗分散在天空中的星，在天空的远处看来，就将是一簇星团。这也许是一个散开星团，也许是还包括着散开星团的大星团，还没有十分确定。但大概视眼可见之星都被包

后发座原型倍莱尼赛雕像

括在内，其组织就已不小。星团的形式都不是正圆，其扁平的这面上，星就特别多而明亮，在我们的星团内看来就成一辉星带。这辉星带的中心，天文家推算在银河西十余度，这就是上述现象的由来了。

天文学家对于本星团的研究现在还只正在进行，我这里当然不能希望说得清楚。所以，要提一提的理由是这使前面所说近银极星疏、近银道星密的说法更加复杂，我们须加一点注意。

第二，后发座左近虽是星最稀的地方，而星云极多。这些星云都要用强力的望远镜才能测到。这并不是因为它们微小，而是因为它们渺远，有些庞大如我们的银河系，有些更是许多银河系的集合体。这是很不易了解的惊奇，但也就是我们所须知道的近代天文学的最大成就，我希望后面能再提到。

后发的原文是 Coma Berenices，意为"致胜之发"。倍莱尼赛（今译伯伦尼斯），也就是公元前四世纪末马其顿王多禄某（不是那个天文家多禄某，今译托勒密）的王后的名字。多禄某去和亚述打仗，王后为他在美神庙中祷祝，如果美神能保护他凯旋而回，她将以美发奉神。多禄某战胜回来，就发现他的王后的发已剪去，但那剪下悬在神庙中的发不见了。多禄某的军师指出这一座星，

说是王后的发已飞在那里了。假使我们不管献发这一段神话，倍莱尼赛倒是摩登剪发女郎的先师呢。

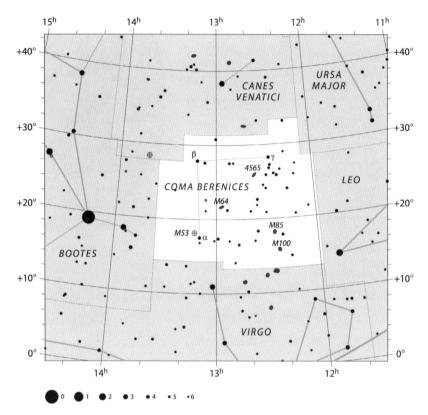

后发座星图

九　牧夫

现在我们回到先前找出的大角上。大角是牧夫座的最明一星。在中国，这牧夫座被分得七零八落，什么招摇、悬戈、梗河、帝席一大套名称，很为难记。其实牧夫座倒极易给人一总括的印象，因为它正像一五角形的纸鸢，上面是尖角，大角星则是鸢尾上悬的一个坠子。不知以放风筝艺术著名的中国人何以偏未注意这一个自然的风筝。最简单的理由大概是大角太亮，使人的注意力都集中于它，而把其余忽略了。

牧夫座

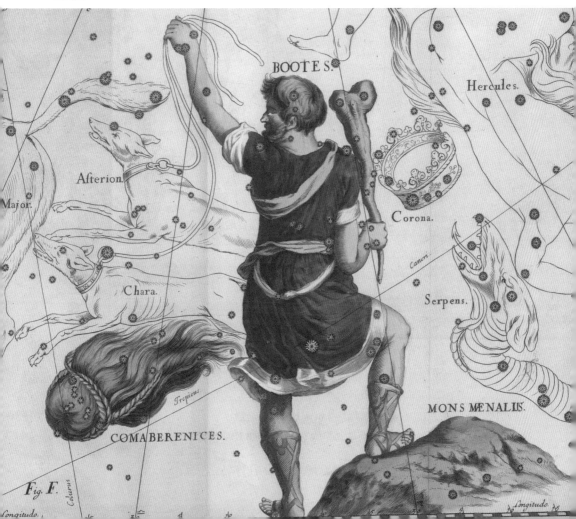

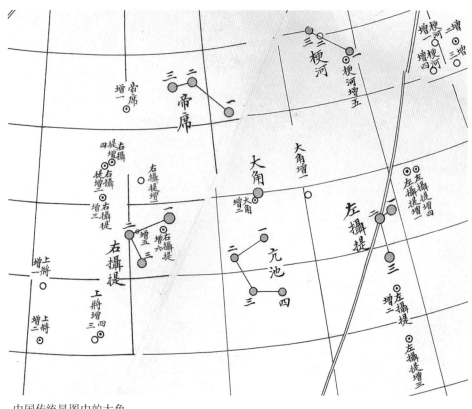

中国传统星图中的大角

前面说过，织女是北天的第一颗明星，第二颗是五车二，这时不在天空中，第三就是大角了。这次序虽然为科学的决定，但并不就限制人的异议。这三颗星的颜色都不相同，织女是蓝白色，五车二是淡黄色，大角是橙黄色。如果一个人的眼睛对于橙色特别敏锐，则他把大角看作最亮乃是当然。至于照相机样的镜眼，则对白色感光敏锐得多，自然织女最亮。依照相光亮说，织女比大角亮一等有余（织女为零点一四等，大角为一点二四等），连天津四也要比大角亮了。就标准的视眼光等，也是织女亮，至于个人间的差异，是不能计算在内的。

大角在初升和将落的时候看去几乎是红色，所以反特别显明，也是使人觉得它更亮的原因。现在我们将织女和大角都认识了，可以随便哪一天在天色未

大角

黑的时候就去等星逐渐出现，结果一定会先见到大角。从前有位天文学家还曾报告过，他在日落之前二十四分钟，用视眼见到大角。这也是一六三五年最初用望远镜在白天观察的星。

有人对于橙黄色的星要特别喜欢些，作《亲切的星》一书的马丁女士就这样说过。自然橙黄色的星使人觉得更可亲近些，而且它使人觉得这像是个小小的太阳。虽然通常只见人歌颂美丽的月光，并不见人说日光的美丽，但若太阳不是那样伟大、威猛，而是和月亮差不多地可以供人赏鉴，我们定可认出它的美丽来。希腊人也许知道这点，所以他们把阿波罗奉作另一种美的典型。不过在一般人，要认识太阳的美总是难达目的的希望，于是把小小的星看作太阳的模型。虽然光谱学告诉我们，最和太阳相像的星并不是大角，但最像太阳的星颜色太淡，就视眼看，反是带微红的大角更像。因为它所表示的是太阳光，也就给人以较强的感觉。

其实，凡红、黄色的星倒都是实际光辉较弱的星。大角的直径要比织女大十倍，然织女的实际光辉为太阳的五十倍，而大角的实际光辉也只为太阳的百倍。所以，大角若是和织女同样大小，则虽引近得和织女同远，也只是一颗暗星。由这比较，我们知道星的大小并不和星的光等与距离成规则的比例。现在我们所知的最大的星心宿二就是更显明的一例，虽然光等比老人弱，距离比老人近，而其巨大远过老人。

大角比织女更远了一半多些，计距离四十一光年。距离是由视差算出来的，视差一秒等于距离三点二五九光年。但除了太阳，视差达一角秒的恒星现在尚未见到，故无须再向上推。大略计算，视差为零点六五八角秒的星距离地球五光年，视差为零点三二五角秒的星距离地球十光年，愈小愈远，都是同样推算（即以视差的角秒数除三点二五九）。这简单的算法很有用，因为视差在各种年历内都注出，而且时常修正，而通俗的书内所讲的距离光年有时很旧而失去正确性。我们遇到两处的记载不同时，就可以据最新确定的视差去解决。

早先我看过的几本书都说大角的距离是三十光年，一九三三年芝加哥博览会借大角的光把大门打开时，电报上说此星之光在太空中历四十年的旅程而到达镜面，当时我就无从知道谁错。当知道大角的视差是零点零八零角秒，就不但知道该是四十年，而且知道确数是在四十年与四十一年之间，故两个数目都可以用。

大角的光虽然造出打开大门的奇迹，但它的热度实很微弱。以前有人说过，大角的热度与八公里外烛光的热度相等。但我们知道全天的星光也只等于三丈外的一支蜡烛，则这也是很可注意的了。

大角有一特点，就是运动很速。哈雷是在一七一八年最初发现恒星运动而加以推算的人，他算出自依巴谷（今译喜帕恰斯）时代以来，大角已移动了一度。所以，秒速有一百四十五公里，时速有五十二万五千公里。也有说它的秒速达三五百公里的，那数目恐怕太大。因为它的距离还很近，而运动速度每每是愈远愈大，现在我们已知道极远的星云有秒速在一万公里以上的，但在近处还没有。

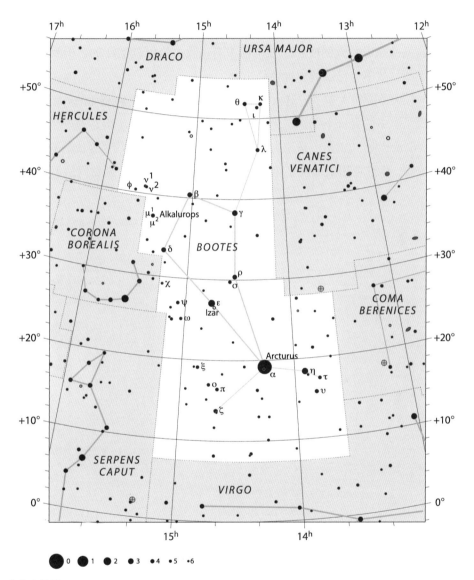

牧夫座星图

前面说过，大角的原名是 Arcturus，据说是"豢熊"的意思。现在英文中的 arctic（北极）一词也是从熊义转来的。所以这星在西洋是和熊发生关系，而不是和龙发生关系。大角所在的星座牧夫所牧的就是大熊小熊。牧夫的原文 bootes，据说是像牧人的呼声。在神话中有认牧夫为阿尔加斯的，但我们前面在大熊小熊的故事中已说阿尔加斯是小熊了。

单一颗大角说得太多了，这大概是凡有明星的地方所不能避免的。但现在结尾说一说星座中的另一个吧。这是牧夫座 ε，在大角东北约十度，有一个专名叫绝美（Pulcherrima），是一颗较大的橙色星与一颗较小的绿色星组成的双星。这自然很好看，但这要用望远镜才能见，就不知以前的"绝美"究竟何指了。

十　北冕

　　牧夫的地位很有些特异，它似乎是一群小国间的主盟。北面南面（这里的北是指朝北极的方向，南是指朝赤道的方向，不管该星座是在东北或西北）虽仍不免与其他大国接壤，而东面西面确有小星座作为它与其他大国间的缓冲地。这些缓冲的小国显然都和牧夫更接近。在西面，先前已说过一个小星座后发了。在后发与斗柄之间，也有一个小星座，称作猎犬，那完全是牧夫的属国，旧式的图上还有带子在牧夫手中牵着。在东面，则有蛇头与北冕。蛇头是由大星座碎割出来的，下面有机会说到，北冕就是这里所要讲的。

北冕座

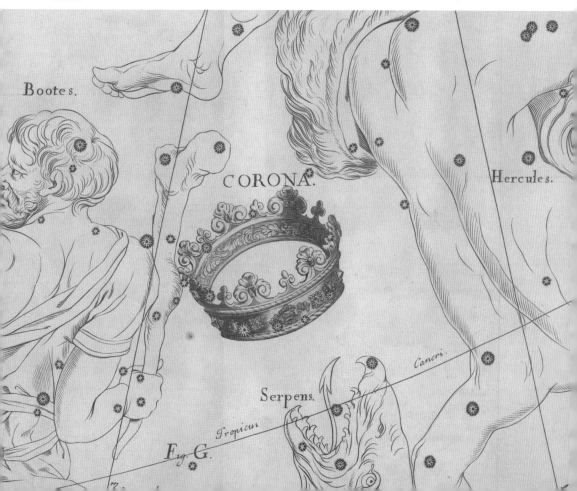

油画中的酒神和冕冠

现在仍用得着前面所说的以大角到北极的距离作半径画的圈，这回是向东延长，延长到织女以南（在织女南二十度）。在圈内，贴近牧夫的这面，有六颗星形成一颗整齐的半圆，这就是北冕。这冕冠，当它中天的时候，也是在我们的天顶的，所以我们很有机会做一会儿帝王。但现在这机会已过去了，再来要等到春天。

不过这冕冠本来已有主了。单看天上，它刚好位于蛇头之上，我们很可以为这是蛇的王冠。但并不是，神话中说这是维纳斯赐予亚利亚纳（Ariadne，今译阿里阿德涅，克里底王米诺斯之女，曾从西塞斯私奔，后更嫁与酒神）的冕冠。

也许因为亚利亚纳不在戴冕冠的地位吧，这星座又被称为亚利亚纳的卷发。我是很喜欢这名称的，因为它刚好和后发在牧夫的左右对称起来。但亚利亚纳没有倍莱尼赛的幸运，她的名字连冕也未附着住。南冕发现后，人们并不在冕上加她的名字作区别，而加上一个北字（boreatio）。此外，这星座还有别的名字，中国人称为贯索，似乎是个绞架，所以所主的是狱事。这真是一个不愉快的名字，我们还是忘掉吧，倒是民间称之为井栏星较好。希腊古名是花环，也许是因为这星座的命名是在冕冠发明之前。阿拉伯则称之为盘，这名称仍保留在这北冕中最明星（α星）盘珠（Alphecca）上面。

这盘珠是由近牧夫一边的头上数下的第三个。春天的北冕座流星群就打这颗星左近射出。这流星很早就被人知道，但丁曾咏为"天上有些星星搬家"。一八六六年这流星群出现期内，且在那里涌出一颗新星，和盘珠等亮，但后来光辉逐渐消失，到现在已非望远镜不能见了。盘珠另有一近代的名称，叫冕珠（Margarita Coronae），德文的名称是宝石（Gemma）。这都是就冕上着想的。

北冕座还有一颗值得一提的星，是北冕座 η，并不在明亮的六颗之内。它的光等为六等，要最佳的目力才能见。它是颗双星，两星的距离很近，其椭圆轨道已算出。

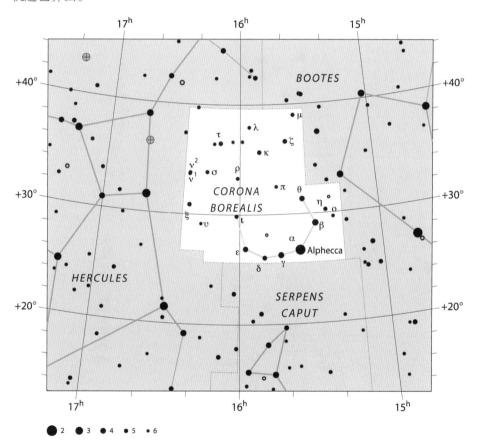

北冕座星图

十一　角宿

也许现在最适合继续向东看。北冕之东，武仙就重回到与织女相接；武仙与织女之南，是蛇夫与巨蛇两座。这是西北天仅剩下的三座未谈到的星座，说完了就可以四柱清算了一册。但这三座都是比较麻烦的星座，南天的星又落得特别快，我们弄清楚上三座时，说不定南天最西的星已落下去。好在上三座一

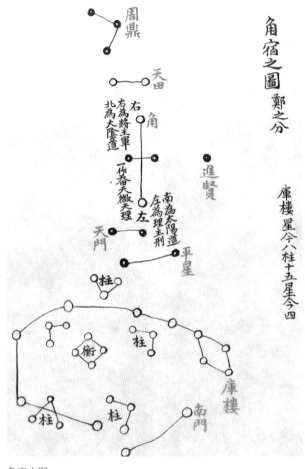

角宿之图

室女座

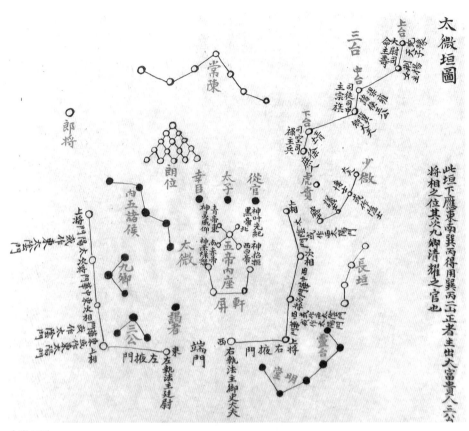

太微垣图

时都不会落，现在我们转一方向，由北冕、牧夫向南去寻西南天的星座吧。

　　狮子不成问题，已经隐去半身了，那么刚好从角宿讲起。寻角宿时先寻角宿一，其寻法也已说过，把斗柄指大角的线再延长三十度就找到了。不用怕错，因为这也是一颗一等星，它在左近几十平方度内绝世（天）独立。独立的话不是我臆造的，阿拉伯人就说它是孤寂的一个。不过附带声明，这星座是黄道的一宫，行星常会行入其中，喧宾夺主。一九三三年八月，金星在其间辉耀；一九三四年八月中，木星在角宿一的西北不足五度；一九三五年，则金星木星都逼近其西郊。这些似都颇有点妨害其独立。不过行星固不经常驻在其地，金木两星光芒又都远超一等星之上，对于一颗一等星的寻认，仍无妨碍。

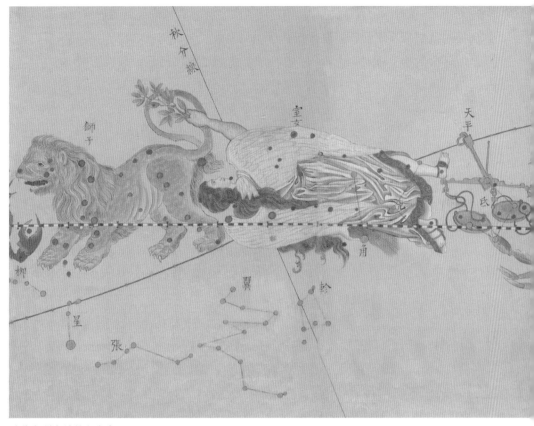

秋分点所在处的室女宫

角宿只是西洋星座室女的一部分。西洋室女的座盘很大，南北各跨天球赤道十余度，西部侵入狮子之南，东部包围牧夫的南疆而与蛇座（即巨蛇）接壤。中国的角宿是不把西北这一部分计算在内的。他们把室女的西北部，连其上的后发，再并合狮子的尾部，纵横各约三十度的区域称为太微垣，其间有帝座、明堂、九卿、三将等，又组成一小朝廷。

关于太微垣这一组织，倒不是毫无理由的，因为那边有许多聚集的小星，俨然形成一特别区域。西洋现代的天文学家对那区域也特别注意，特称为后发室女区（Coma-Virgo Rezion），考察那里的极遥远的星云。我这里并不是想替中国人争发明权，以为中国古代划立天市垣，或就是觉察到了那区域里的星云。我相信有望远镜以前，就使中国人具有神目，也未必见到那些极远的星云。不过既然有这暗合，而现代天文学也颇有发展到把那区域独立的可能，这里也就暂时搁起。再老实说一句，在室女座即将西落的时候，那些西部的小星也无法寻见了。

室女宫跨着赤道，所以是秋分点所在。秋分点是退行的，现在在角宿一西十余度，几千年前曾有一时期就在角宿一之北的赤道上。前面在讲北斗的时候，曾说过用摇光（招摇之一）指极表示季候的时代是冬至点在牵牛座[①]的时代，因为摇光离牵牛九十度，正在秋分线上。角宿一正是和摇光同在一赤经上的。《经天该》上"角宿歌"里说其顶正向摇光，是很准确的。秋分点依季节与方向的配合说，应该属西方，但因为冬至定了属北，而冬至点在北时，角宿在东方，因之被称为东方之宿。本来四季天象的变换是自东徂西，而太阳在黄道间的运行是自西徂东，由两者的混合，四方和四季就总有两个会相反。以角为东，是迁就太阳的逆钟向运行的。

总之，角宿就这样被列为二十八宿之首。这特殊的地位是可以注意的，角宿一的光辉也值得受这尊崇。这是颗 B 型星。我们前面在讲织女时已说过织女与天狼是白色氢气星（A 型），所以有那样的光芒，但 B 型星的光辉更超过 A 型星。B 型一称白色氦气星，因为在光谱里氦线最显著。这型的星几乎全个是气体，表面温度非常高，约达两万摄氏度，比 A 型星高一倍。它具有更大的光辉，自属当然。

A、B 型星多是巨星，而反过来说，巨星多属 A、B 型也是对的。天空中四等半以上的星，十足有一半属于 A、B 两型（就已知的全天的星说，亦达三分之一），并且它们的明亮不是因为它们的距离近，其中多数距离很远。譬如角宿一的视差为零点零一五角秒，距离达二百余光年。

侥幸它离得这样远，于是它的光辉变为柔和，也许使你觉得它比织女还柔和。但更仔细看，就发现它更有织女所不及的坚洁。这就是何以人把织女比少妇，而把它比童贞女。依传说，它并不代表室女本身，而是代表室女手中所持的麦穗（西文名 Spica 的原意），但这正如罗杰氏所说的追求室女的全形是没有意思的。单角宿一就是室女更好的象征。

---

① 这里的牵牛座指二十八宿中的牛宿，不是牛郎星。

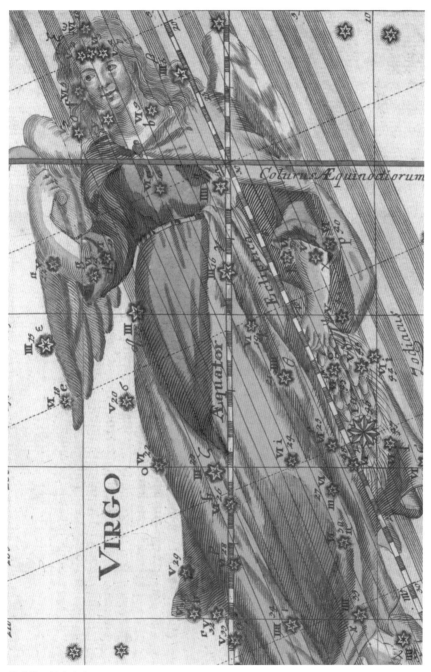

黄道带上的室女座

它不但为各国所一致尊崇，而且各国显然有争夺之意。埃及人说它是天后伊西斯，埃及的命脉尼罗河之神。埃及的狮嫔（斯芬克斯）就是这女神的头与男神奥西利斯狮身的混合。希腊人说它是黄铜时代[①]的正义女神阿斯多尼斯，其在黄铜时代见到人类的堕落乃绝尘升天。北欧人则以为是司秋收的少女。基督教流行以后，抹杀传说而尊之为圣母玛利亚。这是基督教对于天上的星少有的尊崇，可证明它是怎样受重视的了。

西洋黄道本作"兽带"之义，但角宿一是几个仅有的人像之一。是由于传说的势力呢，还是由于慑于角宿一的光辉呢？这已无从考究，总之又给它以一特殊地位。

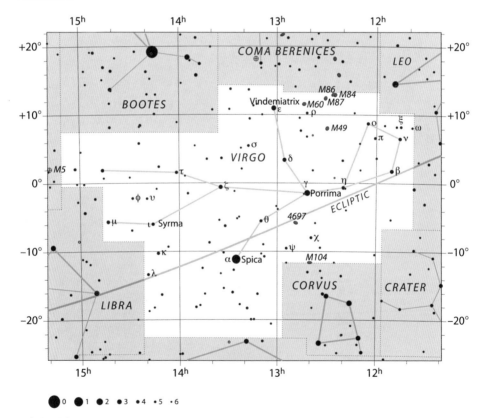

室女座星图

---

① 现在一般说青铜时代。

角宿一以东还有十余度的地位，这是西洋旧式星图中也画不到的地方，中国星图中则是亢宿的领土，其间连四等星也没有，这里也搁起不说。但亢字的意义似乎很有趣。中国的青龙星，是由角到尾（箕也许在内）的一个庞大星座，现在已分成大角、角、亢、氐、房心尾、箕许多宿了。这各宿的题名似乎仍与龙有关系。龙的两只角是明显的。亢大概是项，现在仍有这意义。氐可以是爪或趾，不但古音相近，而且根、底等义与足也相近。房是腹，心是心，习惯上腹心不分，我想其位置的先后无大关系。尾也是显见的。箕是个极老的名称，无须向龙上附会，然就传说骑箕尾以升天的故事着想，则箕似乎也曾被视作龙的一部分。

上面说的这一带星大约正好由正西到正南斜到周天四分之一。虽然这些星多半未曾说到，但我想那颗一等的红心星及其以东的一弯尾巴是容易认识的。如在大角与角之间的中心一点向心尾延长一弧线，则这些星就都在线的左右。这不是一件烦难的工作，让我们就来追迹这条巨龙。

十二 天秤

由角亢寻氐，已如上所说那样容易。氐在西洋属于天秤，形成天秤的星共四颗，西边的两颗是三等，东边的两颗是四五等，所以最先是不能把全座一起寻出的。不过这星座生得很整齐，相邻两星间的距离都差不多相等，恰构成一个四方形。只要见到西边两颗，把这两颗当作一直线，由两端向东画两条平行线，延长至与两星间的距离差不多远的地方，定可寻出别两颗。

依古代图形，较明的两颗是天秤杆，较暗的两颗是天秤盘。照这形式，我们是永远不能看到天秤均匀地放着的。因为就是看见其成为平正的四方形，天

天秤座

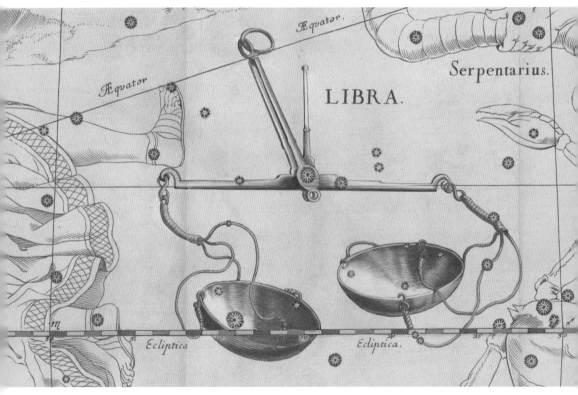

秤还是横着的。然而无论如何不平，把它们认作天秤的趋势很普遍。埃及人很早就把它们视作天秤，但那不仅是因为形象，而是很古的时候，这星座同时也是秋分点，所以他们以为这天秤尽了相当责任，把昼夜衡平。希腊人不曾注意这天秤，他们认为这是蝎子的两只前爪。阿拉伯人也一样，并分称 α、β 两星为南爪、北爪。这颇与中国人把它们视作青龙的一部分相仿，但中国人也并非绝对没有将之视作天秤的观念，现在仍有一句很流行的农谚说"南斗椁，北斗勺；东斗称，西斗戬"。不过称、戬究竟指些什么星，似乎不能怎样确定。看另一谚语"识得东西斗，衣食不用愁"，就知道一般人确以为普通人无认识的福分。然而北斗、南斗是无疑问的，虽然南斗并不十分像椁，古图上却把南斗画成那样。南斗既定，则东西斗自然在角亢、奎娄二处。奎娄在仙女座南斗中天时正好东升，其形状也正像秤，可被认作东斗。如此，西斗当在角亢，也就可能是邻近的氐。本来氐也有平的意思，不过我不觉得这讲法比说它是爪更好。

罗马人就知道天秤，且以为是正义的象征，不过后来变成称较锱铢的商人的代表。在从前，商人并不是很光荣的职业，因此星占学上就说，在天秤影响下诞生的人将是作恶欺诈的人。这地位的堕落比维纳斯由崇高的美神黜为街头的荡妇还要利害，不过到近代运会大概又转，正义不是正落在商人手中吗？

天秤中的这四颗星由右下逆钟向数去，刚好是 α、β、γ 星，左下是 ι 星。δ 星在 α、β 星之西近 α 星处。α、β、δ 三星虽都不很亮，却各有其特点。α 星是双星。β 星是稀有的绿色星，在这种颜色中它是最亮的了。δ 星也是双星，但它的伴星是一颗暗星，在绕主星旋转时，有时要把主星的光部分遮住。因此，δ 星就

阿拉伯文献中的天秤座形象

同时也和前面说起过的天琴座 β 一样是食变星。它的光等从五等降到六等，又回到五等，目力敏锐的人可以察出。不过食变星可以明显察出的很多，因此它并不怎样重要。

这时天秤离西南的地平线还有二十余度，那区域内有水蛇的尾巴，有半人马的头，还有豺狼全座。然而地球的蒙气把它遮得不见了。一等星的光在地平线上看上去不过三等，三等以下的当然完全被遮没，这也就无从讲起。我们还是沿着龙身，直寻房心尾去。

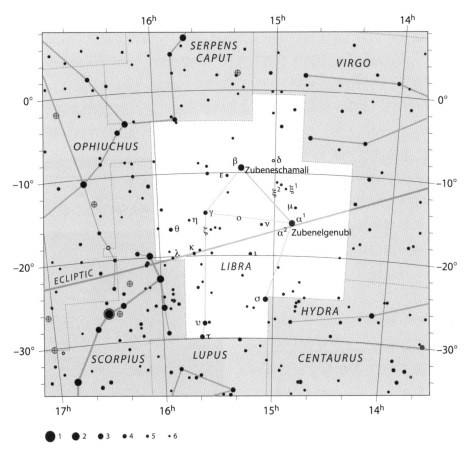

天秤座星图

十三　房心尾

现在又是一个极可注意的星座，它是中国古代特别注意的三大尾之一，青龙的主要部分。在讲大角及角宿的时候说过青龙大概是从两角算起的，角亢氐全包括在内。不过这庞大的体干间的联系颇欠密切，显然是连接不可分的只有房心尾。这三座联合在一起，中国古代也有一特别名称，叫作大火。这名称说不定比青龙更古。关于大火的解释，有人以为单指心宿，有人以为指氐房心，以为指房心尾的是《尔雅》的解释。就联系的密切看，《尔雅》的解释最可接受。房心尾正等于西洋的天蝎，我们采用它也更便利。

天蝎座

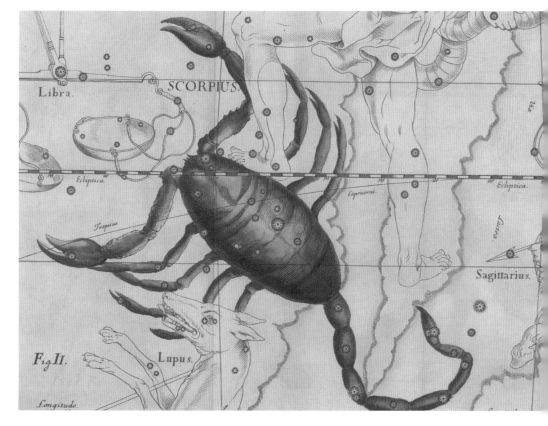

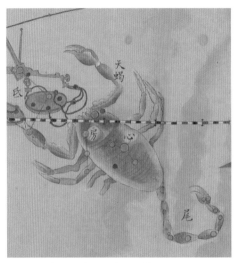

天蝎座对应的房宿、心宿、尾宿

大火为大辰之说早见于《公羊传》，所以大辰并不要有青龙全体那样大。大辰之所以为大，关于面积的大小少，而关于明星的集中多。大火中有一等星一颗，二等星五颗，其余又都是三等星，这已足够其成为大辰了。

把辰当作星或星座的意义，则大辰就是大星座，很为明白。但辰字有很多意义，以前就早为人所争论。最早辰当然是有所专指的，就《左传》所载子产说"昔高辛氏有二子，伯曰阏伯，季曰实沈，居旷林，不相能，日寻干戈，以相征讨。后帝不臧，迁阏伯于商丘，主辰，商人是因，故辰为商星；迁实沈于大夏，主参，唐人是因，故参为晋星"，辰本来似是大火的专名，因为这故事颇有原始意味。

这一故事很可宝贵，因为这透着中国古代星的神话影子。斗和箕，狼和雀，证明以物象命星名是有的，以人或神命星名就靠这故事证明了。固然，像轩辕、造父、织女、老人等名称也是从人，但杂在帝、后、公卿等称呼之中，已无踪迹寻其是否属神话系统，而参商这故事显然是神话。

实沈的名字保存在十二次①内，但十二次内辰的名字是大火，也许是因为大火这名更普遍。关于十二次中的其他各次，这里也附带提一提，计为寿星、析木、星纪、玄枵、娵訾、降娄、大梁、实沈、鹑首、鹑火、鹑尾。寿星是前面讲过的角亢氏，析木是箕，其余的这里无须多说。

这十二次表面似乎颇像西洋十二宫，但十二宫在黄道，而十二次则在当时的赤道。这十二次后来与二十八宿配合，而所配合的恐怕不一定相当，因为

---

① 十二次是中国古代划分周天的一种方法，它将天赤道均分为十二等份，使冬至点处于一份的正中间，这一份称作"星纪"。从星纪向东，依次为玄枵、娵訾、降娄、大梁、实沈、鹑首、鹑火、鹑尾、寿星、大火、析木，这种划分方式统称为"十二次"。

二十八宿通行时的赤道也已不是用十二次时的赤道了，但二十八宿多少迁就了十二次。例如以冬至牵牛说，赤道就绝不能经过尾箕，恐怕就不过是因袭大火为十二次之一的缘故。

要赤道经过或逼近尾箕，必定那时的秋分点位于现在的冬至点（在箕宿内），那时的冬至点在现在的春分点附近。这也就是赤极在右枢附近的时代。我们试以右枢作赤极画一赤道，则这赤道通过十二次（暂承认二十八宿的配合近似），就颇为正确。如果十二次不是外来的，则中国的天文学当有五千年的历史了。

五千年前，冬至点既在壁宿（十二次中的娵訾），则娵訾是子，大火的方位就刚好是辰。娵訾一词很像是子字的复音，而且这次的名称在《淮南子》上是作豕韦。豕韦是代表北方的，也可见以前代表子方的是娵訾而不是玄枵。如大火为辰可以如此解释，则参商（说参辰比较正确些）的故事当然也很早。

青龙的青字表示东方之色。就不管五色配五行起源于什么时候，至少是在角亢成为东方宿以后。以房心尾为青色，无论如何是做作的。至于大火的名称，则显然是由心宿二的红色而来的，非常自然。心宿二的西名是 Antares，ares 是希腊文中的火星，ant 则是"敌对"的意思，意译当为齐火。可见把心宿二比火，简直是人类的共同感觉。

红色星是所谓 M 型星，这型的星数目并不很多，只约占全天星的百分之六。虽然这分数仍将乘出很大的总数，但 M 型星多数都在低光等，与 A、B 型的刚好相反。若就四等半以上的星统计，其比数就小得毫不足计。凡视眼可见的红色星，几乎都是被称作 M 型巨星的例外，而心宿二是一个最大的例外。

前面在讲大角的时候，说过橙色星的实际光辉小而体积大，红色星就更进一步，实际光辉更小，而体积更大。心宿二的距离约为三百八十光年（据琼司①），光等也在标准的一等星以下，在二十颗最明的星中为倒数第五。但它的体积就现在所知是天上最大的，大约为太阳的九千万倍，其直径达地球轨道直径的二倍，即约六万万公里。如果它是颗 B 型星，其实际光辉也就当然绝伦，但它是一个比橙色星还弱的红色星，所以还只为太阳的四千倍。

---

① 这里当指"琼司的《天文学》"。朱文鑫著《天文学小史》提到过这本书，是民国时期比较常见的天文书。此书作者为哈罗德·斯潘塞·琼斯（Harold Spencer Jones，一八九〇年至一九六〇年），曾任英国格林尼治天文台台长、皇家天文学会会长、国际天文学联合会主席。

以前人们大致承认星的颜色表示星的年龄。白色 B、A 型的最年轻，黄色的（这是 G 型，如五车二及太阳；A、G 之间尚有一 F 型，为白色带黄，现在且不说）较老，橙色的（K 型）更老，红色的（M 型，及与 M 型相似之 N 型、S 型）最老，简直已渐近死灭之途，说不定有一天会完全冷却。从前人们深信太阳终有一天会冷却的话也是根据同样理由，晚近的天文学可已不再这样坚信了①。譬如主微尘说者就以为星体发展或为由 B 到 M、再由 M 到 B 的循环，星体是不会死灭的。一个循环所经历的年代长至不易想象，就单由 K 到 M 这一阶段也就不知几千万年。无论我们人类怎样骄傲，我们已有了几多久的文化，有史期以来所见的橙色星仍是橙色，红色星仍是红色。我们人类的文明是否能维持到看见一颗橙色星变红，或一颗红色星变成什么，还是疑问。不过以全人类的短促生命作例，把星体发展的一循环当作星的生命也很自然，再假定全天的星都在同一循环中，则说 B 型年轻，M 型年老，也说得过去。

从远古的秋分点在箕宿到现在的秋分点在心宿，秋分点在退行。秋分点在心宿，则春分点在距它约一百八十度的毕宿五，而夏至点在轩辕，冬至点在北落。这四颗刚好相距各约九十度的一等星各占一点，自然是难得的奇遇，所以波斯古代特别称之为四天守。中国星中也有四守之名，其中似也可包括心宿。中国四守所指的星尚不能确定，然大致与波斯的四守相近，未必不是受波斯的影响。这些后面还将说到。

心宿二是一颗双星，其伴星是绿色的。红星有一颗绿星做伴是常有的事，可惜绿色伴星多数不易察出，因之不是平常人所能见到的奇观。但写看星书的人每教人想象，如果红绿两星之间有一颗行星，行星上面也有人类，当一天看见红色的太阳，一天看见绿色的太阳，或同一天看见两个太阳混成堇色，这真更是奇观了。

心宿二与左右的两颗三等星合称心三星，古诗上所咏的"绸缪束刍，三星在隅"就是指这三星。心宿右是房，也是三星，在中天，可说心三星是横的，房三星是直的。但当房心初升的时候（例如六月初晚七时），房三星与地面平行

---

① 太阳的寿命大约为一百亿年，它如今已经存在了大约五十亿年，会逐渐演变成红巨星。当太阳寿终正寝之时，它的内核会变成白矮星。

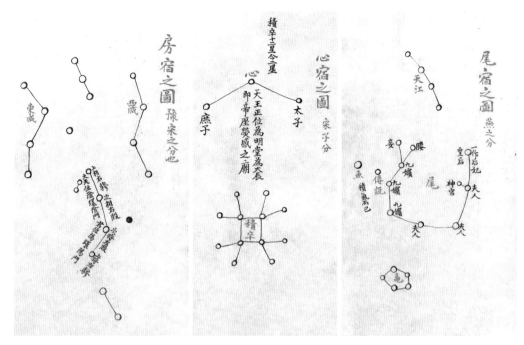

房宿、心宿和尾宿

地出现于东南角，而心三星则垂直地跟上。青龙天矫地游向中天是很好看的情形，在秋天看不着，但看它由中天蜿蜒游下，也差不多好看。我们现在就可看到，在九月初，房三星大概八时半就渐沉落，约十时半完全落尽。有些人是确有耐心追迹它两点钟的。

房三星的中一颗是二等星，两旁两颗是三等。但就西洋的天蝎座说，除天蝎座 α 当然是心宿二外，天蝎座 β 就是房宿四（最北一颗）了。这颗星因为赤经约正当十六时，赤纬约正当北二十度，是航海、测量所用的一颗重要的星。也许就此而 β 遂属它。中一颗是天蝎座 δ，下一颗是天蝎座 ζ。

房宿在天文学史上留下一个美谈。客星的最早发现是在房宿中，时期远在公元前一三四年，汉书所载"元光元年客星见于房"是也。似乎这客星东西洋同时就都知道，依巴谷（今译喜帕恰斯）在公元前一三四年（《谈天》作"汉元朔四年"，则当为公元前一二五年）也发现了客星，虽然没有记出方位，但既在同时，推测所见是同一客星，大体是不错的。客星一称暂星，又称新星，以后也屡有出现，下面我们有机会再讲到。这第一颗发现的客星是没有很多记载可引述的。

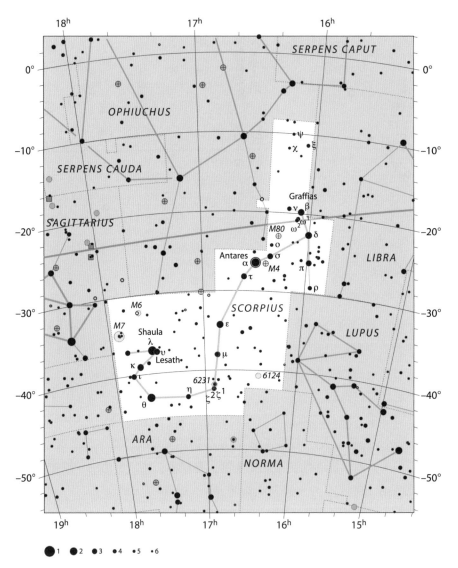

天蝎座星图

心宿之左是尾，中国书上都说是九星。《史记》上说"尾为九子"，《步天歌》上说"九星如钩苍龙尾"，《经天该》上说"接心是尾九点曲，卓如衣角飘风前"，都很一致。我们在尾中找九颗星固然毫不困难，但其中就有几颗星并不明亮，而附近同样不明亮的星又不止合成九数。大概只有天蝎座 ξ、μ、η、θ、ι、λ 六星（次序为由西向东）是比较易认的。ξ、θ、λ 星都是二等星，但 λ 星几乎可入一等，而 ξ 星则已近三等。λ 星与 ξ 星的差距比 ξ 星与 μ 星（标准三等）的差距更巨，我们大概对这些只感到一连串的辉煌而并不愿加以细辨。

天蝎座 λ 之右有一颗很近的星，使人看作视觉的双星，其左的一颗大概是传说。这星名大概是有传说骑箕尾的故事以后加上的，并不是骑箕尾的故事由这星而来。

房心尾有一大部分在银河里。现在我们所见的银河由西南斜横向东北，在极西南处，银河是阔大的一支。西南地平线以下，当为半人马及南十字。地平线以上不很高处，银河就分为两支，一支趋向房心，一支掩尾之末端而过。在尾这面的一支继续前流，趋房心那面的一支到房心似再分为两支，但都不久而绝。

天蝎虽然结合得很密切，心和尾在物理的机构上并不统一。尾宿和半人马、南三角共结成一机构，是所谓天蝎 – 半人马移动星群。这星群与前面说的大熊星群同为太阳所在的本星云的一部。若把星云中之星群就作一单位说，这已是另一世界了。至若要就本星云作一单位讲，则我们须知道另一星群金牛以及太阳的顶点[①]武仙等，才能比较明白。这里只能提及天蝎 – 半人马星群而已。

---

① 这里指太阳向点，太阳向点在天空中位于武仙座方向。太阳向点是太阳在星际空间中运动时按本地静止标准（LSR）所对着的方向。

十四　巨蛇与蛇夫

　　以上所述的星座中，天龙、织女起于天河西岸，经牧夫、北斗、室女、天秤、房心而又迄于天河西岸。这一带刚是西半天地平线以上的半圆，西半天剩下未说的就是半圆以内的半圆心，半圆心中是前面搁起缓说的三星座。

　　若不是外圈的星都已认识，这三星座简直无从说起。就现在，对于这半圆心中的三座星怎么分开来说，我还是毫无把握。我想至少或至多总是分成两部说为妥。两部的分界仍借重那以大角到北极的距离作半径画的圆圈，这回也是向东画，画到织女以南的银河西岸。圈以内（北部）是武仙的领域，圈以外是巨蛇与蛇夫的领域，巨蛇与蛇夫不再划分。

巨蛇座和蛇夫座

最容易找的是蛇头。前面说过,北冕好似加在蛇头上,我们自然可以在北冕以南找蛇头。图上总是把两颗四等星和一颗三等星形成的小三角形作为蛇头,但看星者易看到的是两颗三等星和一颗二等星形成的三角形。这一颗二等星是蛇座(即巨蛇座)α。α 星以北的蛇身延向西北(三角形西边的一颗三等星,为蛇座 δ),再折向东北(蛇座 β)。由这蛇座 β 才不难寻出和 β 星成等边三角形的 γ、κ 星。α 星以南的蛇身可说是依连接 α、δ 两星的直线再直延长下,这样可经蛇座 ε 而达蛇夫座 δ,并直延至蛇夫座 ε、ι、ζ、η。由蛇夫座 ζ 可画一条直线达天蝎座 α(心宿二),线旁有许多小星。由蛇夫座 η 可画一微向东斜的直线连天蝎座 λ,线上有蛇夫座 ξ、θ。

由蛇座 β 到蛇夫座 δ,无疑是蛇。由蛇夫座 δ 到蛇夫座 θ,若视为蛇身也很便当,但如其命名所示,这些不是蛇而是蛇夫了。由蛇夫座 ζ 到心宿二的一线是蛇夫的左腿,据旧式星图,其左足简直就是踏在蝎心上的。由蛇夫座 θ 到天蝎座 λ 的一线则是右腿。这两腿的姿态颇像是表示蛇夫向西前进,但他的躯干又向后仰着。所以,构成他左肩的 κ 星,是要画微向东斜、与到心宿二等长的线才能找到的。找到左肩后,从右腿画一与由左腿到左肩的线平行等长的线,可以立刻找到作为右肩的 β 星。在 β、κ 星之间,有一与二星构成三角形的星,是 α 星,就是蛇夫的头。这三角形浮在若隐若现的银河里,过肩全隐,但遥遥与至房心而绝的南支暗续。

蛇夫的两肩两腿虽然是一个颇整齐的长方形,但要从连在蛇身的一串星中认出两颗为两腿,实不如所想象的简单。蛇夫的头肩构成的三角形,如在最先寻觅,也一定会与武仙中的星混淆,所以只能按步就班地慢慢寻找。

蛇夫躯干以东就是蛇尾了,其向上翘的斜势可说和蛇头相等。还有一个简便的办法,是由心宿二引一条直线到牵牛,构成蛇尾的星就都在这直线的附近。计有三颗三等星,更小的可以不管。这蛇尾正好在天河一支的断处。

巨蛇与蛇夫两座内的星,若连小到六等(六点零零等)的都算,总有百颗。虽然这并不是难计的数目,但用视眼在天上数星不是易事,而且两座星的高度是要我们仰首看的。也许我们仰折头项还数不清多少呢。

巨蛇和蛇夫的故事也同样不清楚,蛇夫有时是老人,有时是壮年。也有说他是体育之神亚斯克勒泼斯的,但他并没有和蛇发生关系的故事。蛇也没有定说，到基督教流行，人们才大致以为是诱惑夏娃的那条蛇。

在中国，巨蛇和蛇夫是天市垣的一部，也就是大部。从左腿向上到蛇头，再折入武仙的一些是右垣，为韩、楚、梁、蜀（巴）、秦、周、郑、晋、河间、河中。从右腿向上尽蛇尾，包围蛇夫的西及北（北均在武仙内），是左垣，为宋、南海、燕、东海、徐、吴（越）、齐（以上在蛇座内）、中山、北河、赵、魏。蛇夫的头是候，其余的是各种肆。这里以地名呼星的办法与用希腊字母呼星是相似的，后来有认为也是星野之说的，那不免是错误。

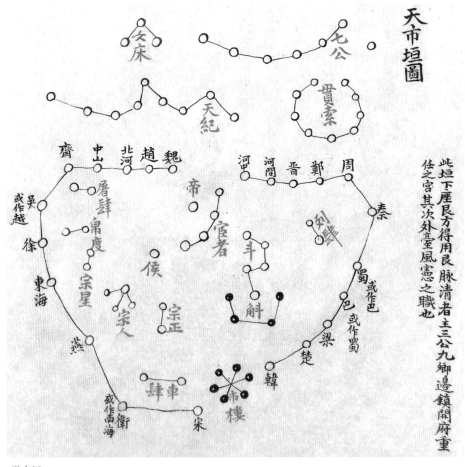

天市垣

关于蛇夫的一个值得一提的故事是一六〇四年这座中曾出现新星，解百勒（今译开普勒）曾为之写了一本有趣的书。

蛇夫地位的重要程度日渐增加，因为其中有许多星团，而近代天文学对星团最注意。不过注意的中心在武仙，蛇夫倒成附属性质。

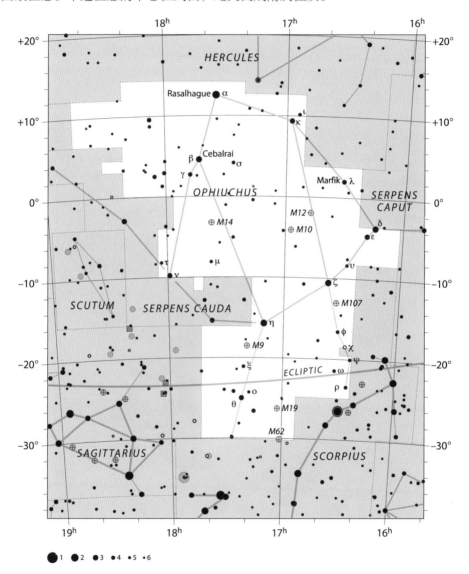

蛇夫座星图

十五　武仙

　　为了看武仙座，我不知道应该是要求一个极晴朗的天，抑或是要求一个比较阴暗的天。天气晴朗，虽然使历历众星全部显现，放出异彩，但武仙座有那么多的星，我们怎样指认呢？阴暗一点，可以隐却较小的星，而留下较大的，或者刚好和我们画出的图上的同样多，但这又失去武仙座的精彩。大概最先总是想能认识轮廓，那么宁愿显现的星数较少吧。

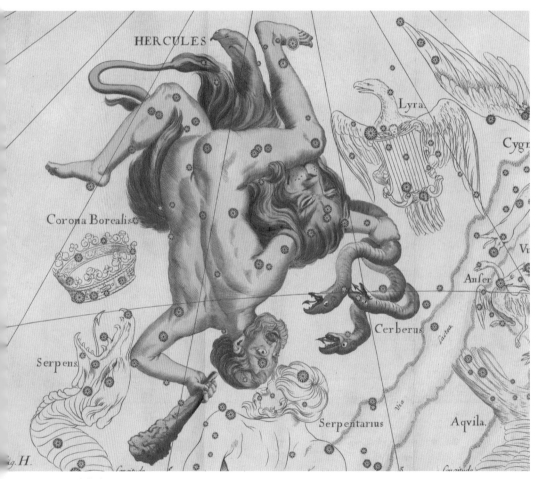

武仙座

没有一句简单话可以形容出武仙座像个什么。古时的人把它视为人像，并不是因为它像人形，反是因为人能摆种种姿势，可以做出与这星座相似的形态，所以取来勉强凑合。做这想象的人大概总住在北纬十余度，因之蛇夫足踏着南方的天蝎而头至天顶，武仙足踏着天龙而头也至天顶。在我们的纬度（北纬三十度），武仙的上躯已俯过天顶而下瞰了。在北平（即北京）及迤北的地方，将看见武仙在下翻杠子，足钩住天顶，而身躯倒挂向南天。自然最初把它视作人像的，总是看它是在北天直立的样子。

我们的纬度还不妨碍看它是立在北天的。只要把蛇夫的头暂认为是南北天

托马斯星图中的武仙座（武仙座的形象为手握苹果树枝，在有些星图中为手掐三头怪地狱犬）

的分界线，那么武仙的头就抬直了。作为武仙的头的是武仙座 α，在蛇夫的头东约五度。如果这颗星不能马上找出，那么先找武仙的两肩。把蛇夫右肩一星与头上一星连一直线，向北延长，可以寻出武仙的右肩。由蛇夫左肩引一与上线并行的线，约同样长，就得到武仙的左肩。这三肩一头四颗星形成一很整齐的斜方，斜方中只有一颗星较亮，就是武仙的头。

把连接武仙两肩的直线西边向蛇头延长，东边向织女延长，这弧线可经过许多星，这些星就是武仙的左右手。我个人的意见是，武仙座内，就由蛇头到织女一线上的星最易认，宁可和蛇联合，而不必属武仙座。中国人把这一线上的星一律编入列国，大概也因其联合得自然。不过蛇更清楚，其他的星就更难寻认。武仙，还让它是武仙吧。

把连蛇夫的头与武仙的右肩的线延长，可一直通到天龙座 α（五千年前的北极星）。线上距右肩最近的两颗三等星与别两颗三等星形成一四方形，这是武仙的躯干。再延长出去的线上的星是左腿。由四方形的右角延长一线到天龙的头顶，线上的一颗三等星是右腿。据旧图，右腿不是这样直伸着，而是屈膝跪在下，所以号为跽仙。如一定要迁就这传说，也不困难，那儿三等以下的星很多，绝不缺少供人想象为屈膝状的星。

武仙座 α 是颗 M 型的红色星，有个伴星，当然是绿色。它同时又是变星，周期约为三个月。这颗星远且大，其体积达太阳的六千四百万倍，为现在已知的第三大星。就星等与体积的比例看，它要比心宿二远上好多。

然而无论武仙座中的星如何远，武仙座总还是和太阳系接近的一星座。武仙座只是接近银河，并不在银河界内，但当我们注视武仙座的时候，总觉得那方面远空淡密的星光也像银河的一湾，其星数之多远超二三十度的银纬上平均应占的比例。这一片银湖显然和银河不同，因这是由较近的星构成的。

我们所见的构成银河的朦胧星气是由九等以下的星构成的。平均而言，那里面的九等星如移至距离一百光年的所在，就将为三等。同样，一二百光年距离的三等星移入银河内就仅留朦影。

在武仙座背景上的星影自然是六等以下的星，移至银河那样远，就将全无痕迹。但何以知道武仙座后的星不在银河内就没有银河远呢？第一，银河系的形状是扁饼，只有在银河圈旁的星最远，是现在公认的事实，其详细情况我们以后有机会再说；第二，在同一动力机构下的天体，其距离大致相近，而武仙座的动力机构由于近代不断的探求，已有了相当的结果。

最早所注意的是一个简单的现象，而也只有这现象我们最易明了。十八世纪中，威廉·侯失勒（今译威廉·赫歇尔）发现武仙座的星在渐渐散开，而其相对方向的星在渐渐合拢。他由这现象遂推测出太阳是在自行，而其顶点在武仙座。他推算出这顶点在赤经十七时二十二分（二百六十度三十四分），赤纬北二十六度十七分。这是在武仙左肩（武仙座δ）附近。以后各家的推算虽都有不同，而总不出武仙座境。一九二八年堪派尔[①]所推的赤经二百七十度六、赤纬北二十九度二是在武仙右手腕（武仙座ν）附近，但也并非定论。至于越武仙座再向天琴天龙的说法就更远了。

自然，说太阳的自行，可由见迎面的星散开推算，只是为便于了解。其实，现在太阳的自行已证实，其自行的秒速只有十八公里，这样就要一万六千年才能向武仙座行近约一光年。就使行近约一光年，对于距离在百光年以外的星的移动，仍无大感觉，所以求太阳的顶点是需要与太阳同向行进的众星帮助的。武仙座中星的散开，是渗合着那些星向我们行来的运动的。

二十世纪，人们才对恒星的自行做综合的研究，因而得知已知有自行的恒星全体可分归两大星流。第一星流流向参宿那面（赤经九十度，赤纬南八度，依一九二九薛密德所算），第二星流流向孔雀座那面（赤经二百八十度，赤纬南七十二度）。这两个星流据推测不属于同一组织，因为构成第一星流的分子以 A、B 型的明星为主，而第二星流则以 F、G、K 型的暗星为主。我们前面讲北斗的时候已说过北斗的中间五星属于大熊移动星群，这移动星群就是第一星流的一部。我们也说过太阳就在大熊移动星群内，但不过是偶然经过。由这可见得两星流是在交错。关于这复杂现象，一时还不会有确切的说明。我们在这简单的谈话中，当然更不想触及天体物理学的范围。上面提及这些理由，只是为了借以知道现在天文学的开拓已着重于恒星世界，而这开拓的前途无限广大。

---

① 威廉·华莱士·坎贝尔（William Wallace Campbell，一八六二年至一九三八年），美国天文学家。坎贝尔是天文光谱学的先驱，曾在里克天文台工作过，一九二三年至一九三〇年担任过加州大学校长，一九三一年至一九三五担任美国国家科学院院长。

哥白尼在依巴谷（今译喜帕恰斯）去世一千六百余年后推翻地球中心论，而建立了太阳中心宇宙。再三百年，后人已能越过哥白尼而求诸太阳的中心，进步可谓快了。但迄至现在，诸太阳中心的有无，如有又在什么地方，还是很模糊的。太阳的顶点，星流的动向，也许都只是轨道的一部，已有的短期的研究对于那长至难以想象的轨道，当然还不能有怎样的把握。但就这一点短期间的成就也足使人相信，一个新的宇宙中心的求得总不要一千六百年了。也许，我们在这一生里就可以知道新的宇宙中心。

　　自然，新的宇宙中心还不是对宇宙的极限而说的。我们现在虽然一方面也在做宇宙的极限的探索，别方面所求的中心却仍是关于小范围的。大概如前人之以太阳为宇宙单位，我们暂时将以本星团或扩大到银河系为一单位。对于银河系以外的探求，现在还只是为了供给银河系以内的研究作参证。

　　在我们现在所确知的银河系外的天体中，以球状星团为最近。现在已知有三百多个球状星团，除在别的银河系内的，由武仙到箕斗一带共有一百个。箕

球状星团 M92

球状星团 M13

斗内较多，但最著名的是武仙座中的两个。一个是 M92，在赤经十七时十四分、赤纬北四十三度十五分（武仙胯间），光等为五等；一个是 M13，在四方形近北冕一边的两星之间，位于赤经十六时三十八分、赤纬北三十六度三十九分，光等为四等，在晴朗的夜间，视眼可以看见。

在视眼中，除了这星团是较整齐的圆形以外，它和其他星云也没有什么不同。但在望远镜里，球状星团内的星是可以各个分开的，不似星云中有些部分混成一片，无法分晰。这和著名的七姊妹星团有些相似，但远较七姊妹为大，距离也极远。M13 号星团的直径总在两千光年以上，所以其中各星间的距离至少也等于太阳到最近的恒星的距离，各星间的动力结构也很为平均，论者多以为这代表一种成熟的星云。关于这些星团距离我们多远，就是依据这成熟的情形推出的。另外，因为它们绝不会在银河面上被发现，也可见它们是在银河以外的。与银河在同一方向的都被银河所遮蔽。

球状星团应认为是独立的一小宇宙，不属于我们的银河系，也不属于其他银河系，但也许它们是为了诸银河系间的空隙而存在的。因为现在的望远镜还只能看到一定限度内的球状星团，还不能断说它们是否遍布于空间。[1]

除了武仙座的天象以外，关于武仙座还有很丰富的故事。在希腊传说中，叫作海勾力士（今译赫拉克勒斯，武仙的原名）的英雄有好几个，所以关于这星的由来也颇有不同的解释，然而最出色的要算宙斯之子、提本（Theban，今译底比斯）的海勾力士了。霍爽[2]所写的三个金苹果就是记海勾力士的事。

在中国，武仙座也是天市垣的一部分，而且连武仙座左右的北冕座、织女也一并在内。关于武仙座部分，最南的算入列肆，前面在蛇座（即巨蛇座）已提起过；中部是天纪，自然与那司刑罚的贯索有关；最北部是女床，当然为织女而设，但织女和女床为什么要列在天市垣内，真让人想不出。

---

[1] 球状星团由成千上万甚至上百万颗恒星组成，其外貌呈球形，越往中心，恒星越密集。银河系内已发现二百多个球状星团，在其他星系中也有发现。

[2] 纳撒尼尔·霍桑（Nathaniel Hawthorne，一八〇四年至一八六四年），十九世纪前半期美国最伟大的小说家，曾改写希腊神话故事，创作了赫拉克拉斯故事新编《三个金苹果》。

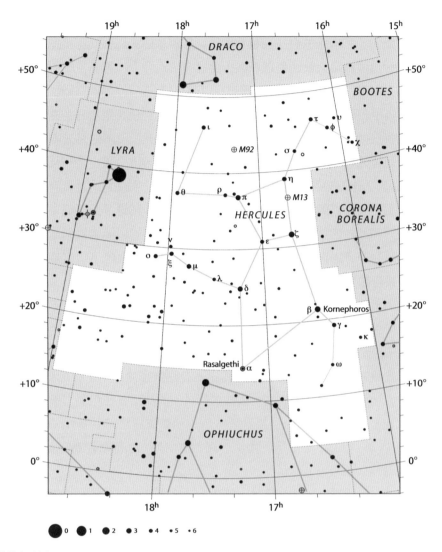

武仙座星图

十六　北极（小熊）

　　西半天的星座全都认清了，我们到这时候可以舒一口气。我想时间也还不过八点、天琴座 α 与天蝎座 α 以东最近的一等星是天鹰座 α（牵牛，即牛郎），它的中天还要在一点钟后，固然我们不妨早一些时候就去认它。但如果觉得不必这样匆忙，则我们尽不妨休息一会儿。在休息中，我们可以从天空回到平地。我们可以记认一下西边的天空，是不是将有一棵树的枝叶要拂及大角，有一座屋顶要触及角宿？我们知道，天鹰座 α 和室女座 α（角宿一）的赤纬相差不大，而赤经则相距九十度以上。这就是说，当天鹰座 α 中天的时候，室女座 α 一定已落至地平线下。因为人的视地平还比真地平高，它的沉落就将真更早。但不管怎样，真确地说，我们倒觉得西方消失了室女时，去看天鹰恰是正好。

　　不过，如果在这休息的时候回顾天空，我们会发现西半天尚有几颗较亮的

小熊座

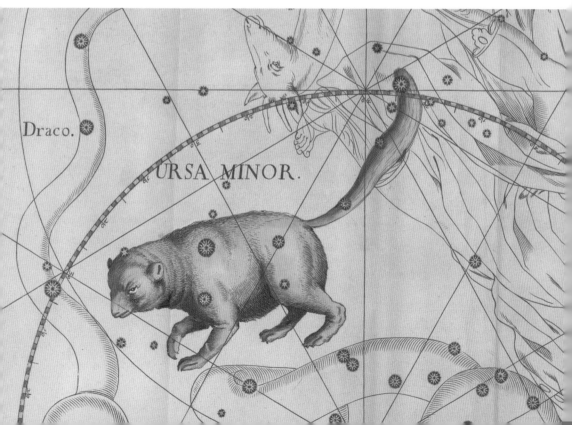

北极座

星没有说到。在开阳与右枢之内，两颗三等星形成一个支点。再细看，这支点内又有一较暗的支点，与之形成四方形。由四方形我们发现小型的勺，这是北极座（小熊座），我们现在已能一见就想象出来了。在我们的纬度，北极座是唯一的永现星座。我们应该在什么时候讲它，颇难以决定。就北极星说，它的赤经属一至二时，我们很可以等北极星上中天时再说。但这在九月一日就要到下半夜，而且那时勺垂在下不易辨认。相反，北极星下中天时，九月一日是在午后一时，我们是不得见的。

北极座的勺上中天的时候，在下午五六时，到黄昏时星现，就早已过去了。在九时，极勺指的是西南。更正确点儿说，勺口的星（北极座 β，中国的帝星）正指西南。因为这颗星大略正在赤经十五时，当赤经十二时抵于正西、十八时指正南时，它自然正指西南了。

如果我们把北极座 β 看作钟针尖，则它在下午九时指西南是颇便说明的。我们设想立在钟的后面，当见钟针的运转方向和星的运转方向相同，而其方位就如上图所示。这方位的写法和普通天图一样，不过因我们既面北而立，所见的北极星象东西当如地图所示，而南北则易位了。

由上法可以类推。在六月一日九时，北极座 β 指东南，三月一日指东北，十二月一日指西北。在上述几月内，可一看极勺而就知时刻。其余的月份，则就邻近的月加减二小时即得。

就上面的说法看，很明白这钟针在二十四小时内走了不止一圈，而是走了一圈又三分五十六点五五五秒。拆碎了说，星走一圈的二十四分之一（赤经一小时）也不要平常的一小时，而只要五十九分五十秒一六。这就是恒星时与平太阳时之差。我们前面已经说过，北极座 [1] 的转动是最足使我们直接取证的，所以附带再提一提。

北极座 β 是一颗标准的二等星，在全座中最亮，属于 F 型，所以距离相当

---

① 这里的北极座应该指大熊座，大熊座的北斗七星绕北天极转动。

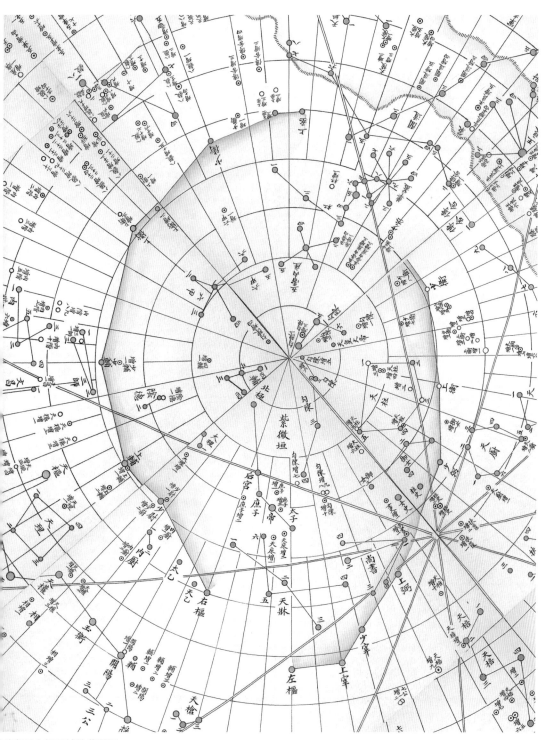

对应于北极区域的紫微垣

巴蒂星图中北极附近的星座

远，计约八十一光年。这就是说该星的距离约为天狼的距离的十倍，若移至天狼同远，其光辉当超过天狼；若移至织女同远，其光辉也将超过织女。它也在向我们行近，秒速为四十一公里，即超过织女的三倍。如果速度可视为不变更的话，则它一年可行织女三年的路程。到织女越过太阳系而去时，它也越过太阳系而去了。这样的时代约在六十万年后。在这样一个长期中，它们将好几次更迭地争占北极星的位置，而终于两个都永远去位。

这北极星被我们认为是北极星是很近的事，因为它是随现代天文学而俱来

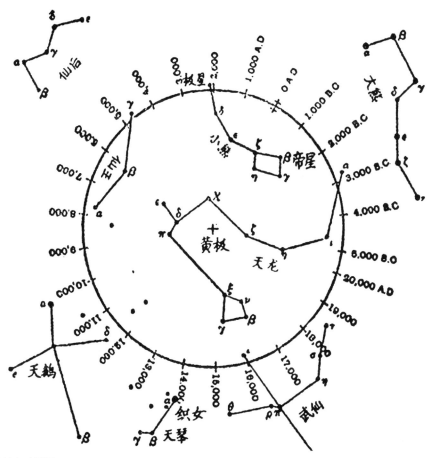

黄极变动圈图

的。中国史料记载上，最早的北极星是右枢；已在前面说过，以后即用现在的北极座 β 作为北极星。现在把这变动的图抄在上面（见第九十一页），使连前面在织女、天龙部分所讲的也都更易明了。织女与天龙之间，武仙座 ι 与 τ 也都占过北极星的地位，但其时代太远，星又太暗，故记载上未有过，而推算上也不注意及此，也可算不幸了。

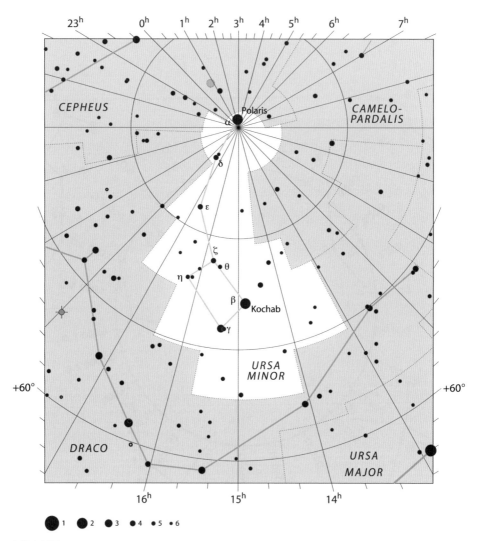

小熊座星图

中国古代星官（星座）中的北极和近代的北极座不同，中国的北极称作紫宫座（即紫微垣），由北极星与邻近的星组合而成。起初北极座 β 是帝星，也就是北极星，渐后就以天枢作极，是所谓近极（真极）小星。至于现在的北极星，则在那时为勾陈一。勾陈之名不见于《天官书》，自然是后起的。既属后起，它从前是否也曾列于紫宫之内，可以不问。因为它的出现愈后，愈证明北极星和勾陈在很久之后还分立。八世纪以天枢为极，约到十四世纪，现在的北极星和天枢都去极差不多远，但也不曾立刻就改用明星作极，十七世纪修的《明史》还以天枢作极。利玛窦作《经天该》说："近极小星强名极，天宫庶子遥相类，帝星最明太子（北极座 γ）次，连极五星作斜势。"这里的近极小星虽不是天枢，总比较近天枢，而仍和后宫、庶子、帝、太子共称连极五星。至于现在的北极星，《经天该》仍说"勾陈七星中甚明，离极三度认最易"。这说明利玛窦时代，现在的北极星比现在尚远一度半。想来那时的近极小星当离极不达三度。

其实，准确程度问题是无须多研究的。现在，望远镜中所见到的更近真极的小星有好几百颗，但因极心的移动，一个月或许就要换两个北极星，那多麻烦。以北极座 α 的明度，天然是以它作为北极星为便利。中国天文学上由于历史的原因，把它逐步改换。北极星的名称很古就已经有了。

上面所用的北极座这一名词或者都应改为小熊座，因为这是它正式的名字。小熊是大熊的儿子，前面在北斗一节内所讲的加丽斯多的故事，我们当还记得。

十七　天鹅

　　记得还是很小的时候，病疟睡在床上，常会听见嗯的一声在天空响过，伴着我的母亲就告诉我这是天鹅叫，如果病人在祷告它把疟疾带去，而它刚好嗯地应上一声，病就马上会好。固然那时我很相信，否则病榻是寂寞而烦躁的。有这么一个消遣、希冀，也觉有兴味些。然而真的祈祷起来，那当可听到的叫声又每每会久等不到，总要经过一很久的时期才听到一声，如果刚好应上我的祈祷，就觉得非常喜悦。不记得这样祈祷了几久，终于疟疾是好了，我还没有忘记天鹅。每听到叫声，就要向天空寻迹，但最多只看见几颗黑点在天空飘过。

天鹅座

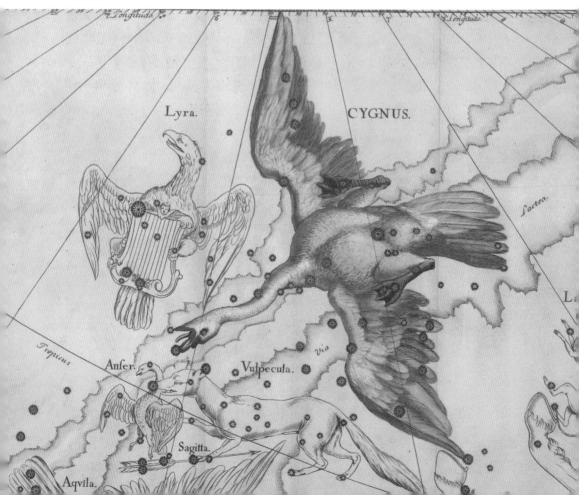

天鹅是飞得很高的，俗话上说癞蛤蟆想吃天鹅肉，大概不是说天鹅肉味美，癞蛤蟆不配吃，只是说相去天壤而已。

终于没有见到天鹅过，天鹅在中国差不多只是在神话里存在。西洋文学里，则天鹅很为习见，而且多是崇高纯洁的象征，这更增加我对于天鹅的感情。而因为不能见到，我常常看天上的天鹅座以寄托我的感情。依我的感情，我也许要把天鹅座写得太过美丽，但我的笔并不能任我自由指挥，所以结果也许反是不能充分传达它的美丽。

在已识织女之后，天鹅座是很易寻的。织女东边最近的一颗大星就是天鹅座 α。α 星一直下去是天鹅座 γ，是一颗二等星，再下去是天鹅座 β。α、β、γ 星形成一直线，γ 星的两边有 δ、ε 二星，三星也成一直线。两直线交叉着，形成一十字，所以也有北十字座之名。用近代的东西来形容，它更像飞机，因为 γ、β 两星相距较远，很像机身。中国民间则不说交叉的十字的全体，而单把 δ、ε 星所形成的直线唤作扁担星，因为它横搁在天河上面。这些名称似乎都不比天鹅更好。

就已讲到的五星说，β 星是头，α 星是尾，δ、ε 星是两翼。颈上有几颗细星，左右翼也更向两边延长。右翼尖的 ζ 星差不多与 ε 星等亮，左翼尖的星较暗。然据传说，织女是从天鹅的左翼上坠下的，所以现在犹称铩羽，那么也许从前左翼更雄壮吧。不过这传说是否真有星象的根据，不得而知。这天鹅的颈长似乎很可使我们惊异，但天鹅飞时也许正是这样，鹳鹤飞时可以作例。尾上的天鹅座 α 另有专名，唤作秃尾（Deneb），是阿拉伯人所提的。中国名为天津四。

我们现在所见的天鹅已差不多中天，头向西南，尾指东北，似乎是要飞越天河，飞落西南地平线下，但它初升的时候，头就微偏向北，似远望着它所要去的目的地。悠然地徘徊着，正是闲云野鹤的姿态。一过中天，头就正式转向西北了。看天鹅头的方向的转换，也是一件有趣的事。天河像是一条奔流，它的水流时时转向，而天鹅则以水流为目标，追着前进。所以我们如遇着月朗星稀、看不见银河的时候，只要把天鹅的首尾一线向两端延长，就可画出天河的水道。

在亮星夜，天鹅也是辨认银河景象的好标识。天鹅所在是银河最阔的地方，

天鹅座附近的银河

夏季大三角

它的头之南、尾之北都各分为两支，到不远处再汇合。这就是说，在银河里天鹅座的两边各有一个洲岛。这洲岛形的东西从前人们以为是星空的空隙，通着无穷的远空，然而如这是对径几千光年的甬道，一放在几万光年的远处，就很不容易刚好在适当的角度，刚好直视过去。有一两个或尚可能，但银河中此种空隙很多，如统以此解释，就不很可信。所以近来人们就不以为是空隙，而以为是那里的星河被星云遮住。太空中有暗黑星云已为大家所公认，但可以察出的为极少数，我们几时能察知银河中的暗黑星云的性质，现在还无把握。①

天鹅座 α 的光等是一点三三等，通常是置在二十颗一等星的末位，其实是和轩辕十四（狮子座 α）、北落（南鱼座 α）都差不多的，而且它是 A 型星，比上两星更显出光芒。不过因为逼近同样是 A 型星的织女牵牛，在三角形势之下，它就比较失色。但这仅是就在人视眼中的地位说，至于实际，它是所有一等星中距离最远的星，远达六百五十光年以上。以织女的二十六光年、牵牛的仅十六光年与之相比，简直毫不足计，所以天鹅座 α 的实际光辉就现在已知的

① 银河中间的暗黑空隙叫作银河大暗隙，实际上是星际尘埃在恒星背景上映衬出的轮廓。也就是说，星际尘埃遮挡了一部分射向地球的星光，让我们看银河时仿佛有暗黑的区域。

范围讲，可列在鼎甲之内。它是实际亮度达负五等的超白巨星，与太阳比，则为太阳的一万倍。我们知道这点后，再凝视天鹅座 α 的星光，就将觉得其光辉除和织女一样澄清、宁静以外，更有织女所不及的幽邃深沉。自然这只是感情受理智的感动，但这感动于我们是有益的。

天鹅座 α 虽然这样远，天鹅座内却也有很近的星。天鹅座 61 就是其中著名的。可由天鹅座 ε 画一与天鹅座 α、γ 间的直线平行的线，寻出线上较远的三颗四等星 ρ、σ、τ（自远至近），这颗 61 号星是最暗的五等星。五等星虽然通常很难被注意到，但就距离近的星说，视眼所能看见的距离在十六光年以内的星不过十颗，这就比一等明星更稀少而可贵了。至于距离近的星，北天球既少于南天球，近度达十光年以内的又简直没有。有一个时期天鹅座 61 被认为距离只有六光年，因此好久都被认为是北天球上最近的星。现在，固然已在更小①的星内发现更近的星，天鹅座 61 的距离也被校正为十光年。这就是说它比南河还远五六万万公里，在北天球的视眼星内，它也落到第二位，但第二位也很不易得。

天鹅应该有美丽的故事，然而很可惜，并不很多。因为它靠近天琴，有一说就说它是琴的主人奥佛士（今译俄耳甫斯）所化，另一说则说它是战神之子雪克诺斯（今译库克诺斯）所化，Cycnus 和 Cygnus 原只差一字母。此外，则又有人以为是制了翼飞向天空的伊卡洛斯。他因为不幸飞得太高，粘翼之胶被太阳晒熔，翼落而他也堕海而死。织女被唤作铩羽，或正因此。无论这说法能不能被普遍承认，伊卡洛斯是常被近代人用以象征科学的，这颇足引起兴趣，尤其在我们正讲向无穷的天空探求的时候。

假使中国人也曾把这星看作飞鸟，即一定是牛女故事中灵鹊填桥的灵鹊，因为它既是鸟而又是银河上的桥。传说中说灵鹊因错传消息而被掯去尾巴，也很像是说明天鹅的尾巴何以这样短。不过这不能在书本上寻出根据，但凭想象，是不能加以肯定的。正式的古名是天津（领域与天鹅座略有不同），也是桥梁的意思；也有解作渡船的，则因为旧图上绘得像船。这说法也很有意思，因如此就恰合它与南船正对的地位。

---

① 应指视星等更小。

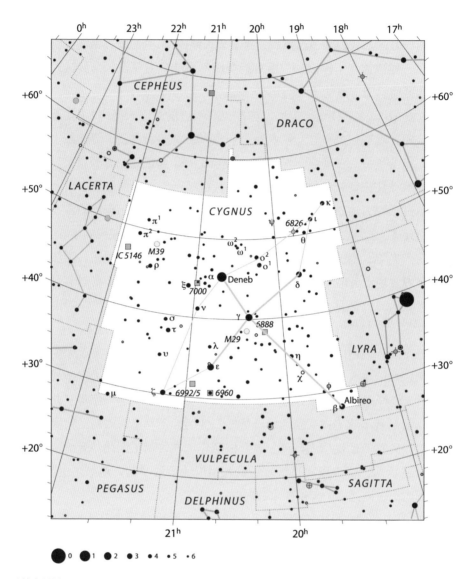

天鹅座星图

十八　牵牛

　　无疑，看见了翱翔于天河上的天鹅后，人的视线就将集在天河上面。这一段的天河又是这样复杂，从东北来时是一片奔流，到天鹅的尾际就阻于洲岛而分为两支，随又汇合。由天鹅的左羽到天琴是白茫茫的一片，可说是天河最阔处。再过去又是一片圆洲。圆洲西的支流沿武仙的边界，穿入蛇座而渐淡以至于隐没，其间浮泛于河面的小星都可分属于上述诸座。圆洲东的支流则趋向牵牛，其间泛在河面的星却是独立的两座。北一座一面侵入圆洲，一面出银河东

天鹰座

岸，是狐狸座，系近代分设。该座中仅有六等星，本不足注意，其所以设立的理由有二，大概一是其间有一哑铃状星云，二是其间几颗星形成的一线正在回归线上。南一座是箭座（即天箭座），在圆洲的东南部，南部的二星正当天河在圆洲以南的水峡中。二星为箭座的 α、β 星，都是四等星，距离极近，目力不佳的人几不能分析，然其中 β 星才是真正的双星。由 α、β 星向东北顺数，再有 δ、γ 两颗四等星，就构成向天鹅右翼放射的箭形。这星座为多禄某（今译托勒密）四十八星座之一，为什么古来人们这样注意它，似不可解。

就我们看来，箭座很可以算在牵牛内。事实上，中国的星座就是如此划分的。包含那一颗大星的三星称作河鼓，箭座是河鼓左旗，河鼓南部是右旗。横在右旗与河鼓之间的是天桴。旗、桴之南才是牵牛。

在西洋，除箭座是独立的外，一切右旗、桴、鼓都归在一座，叫天鹰。这鹰的形象并不如鹅容易想象。据旧式的星图，最明的天鹰座 α（与天津四、织女成一三角形）是在顶上，α 星南的天鹰座 β 是头，α 星北的天鹰座 γ 是背。由背向武仙延长，可得天鹰座 ζ，是尾。由 α 星沿天河边沿向天鹅得一很小的星天鹰座 ρ，是右翼。由 α 星遥向大火延长，可得天鹰座 δ、ε，是左翼。至于和 ε 星形成斜梗的一线的 η、θ 星及其他小星，都不能画入。虽然 β、δ、ε、η、θ 诸星都是三等，但河鼓左右这段的天河是北半球所见的最明的部分，三等星缀在晶莹的幕上，也正如隐在朦胧的云里，不很清晰。更暗的星则更若隐若现。我们搜求天鹰的全体，每每是白费力，最直接诉之我们视觉的只是河鼓三星。

河鼓二这颗一等星，西洋有专名唤作秃顶（Altair），是由阿拉伯传来的。这星的光等为零点九等，所以素被认为是标准的一等星。它属于 A 型，与三角形中其他二钝角上的天津四、织女都属同型，所以这三角形的对照特别有趣。我们已知道天津四的颜色比织女要深沉，河鼓二则介于两者之间，不过我们若以为它就比天津四近，比织女远，就错误了。它的距离只有十六光年，在二十颗一等星中，它是第四近的，在北半球则是第二。因为既然这样近，它的体积就实在很小，直径只有太阳的一半。假使它是和太阳同样的 G 型星，则在那样的距离，不过是一颗四等星，但因为是 A 型，其实际光辉尚为太阳的九倍。这颗星也在向我们行近，秒速为三十三公里，也就是九千年可以行近一光年，如加上太阳的速度，尚不要这样久。依这说法，在五千年前，河鼓二自然没有现在明亮，不过所差应甚微。而据千八百年前多禄某的记载，他还只说河鼓二是二等星，则其中当有不规则的变动了。

西洋关于天鹰座的神座，有种种不同的说法，有的以为是宙斯的化身，有的以为是雷神的捧持者，又有的以为是宙斯藏在克利提岛（今译克里特岛）时为他取蜜的大鹰，宙斯为酬其劳，乃列为星座。这一切都是断片而不甚重要。阿拉伯人也称它们为鹰，不知是承袭希腊人，抑或他们本有此称。波斯的天文学家及文学家阿尔苏菲说，一般人是称河鼓三星为天秤的。河鼓二这颗明星，等距离地肩着两颗小星，确是可说像天秤的。中国民间更直接以为是一个人挑着一担东西，就是所谓挑柴星了。挑柴，有些地方说是挑灯草，总之是挑着一担轻的东西，所以它浮在天河里面。

为什么浮在天河里面呢？这有一个故事，据说有一个人的妻子死了，丢下一个儿子。这人娶了一个后妻，也生了一个儿子。后妻待前妻的儿子很凶，派他做一切的苦工，但为装点场面，也派自己的儿子伴着做些轻松的事。有一天，她派两个儿子送东西到河西的婆婆家去。大儿子挑的是一担石头，亲儿子挑的是一担灯草（或是柴），她以为亲儿子是可以省力些的。不料天河水大，大儿子挑着石头，重量坠着，脚可着底，安全地走过河。亲儿子的灯草泛在水面，脚着不到底，就永远浮在河上。那挑石头的大儿子就是那在天河西岸的心三星，据说那心宿二的红色就是大儿子为吃力而涨红了的脸呢。这故事极富于民间风味，比一切的星的故事都更见人情，可说是很可爱的。

画像石中的牛郎星

虽然挑柴星的故事很流行，中国流传最久的关于河鼓的故事却似是牛女故事，它代表着牛郎。《尔雅》说"河鼓谓之牵牛"，该是最正当的说法，以后就每把牵牛、河鼓各成一座。牵牛座内绝无明星。以一颗小星与皎皎的织女对立，自然不合理，所以以后通常所说的牵牛只是河鼓。现在我们尤其无须顾这区别，天鹰座本包括两座，而两座合并，自然是称牵牛最易明了。牵牛又常被认为别名黄姑，古诗有"黄姑织女时相见"之句，解者以为黄姑是河鼓的音变，然李后主诗"迢迢牵牛星，杳在河之阳。粲粲黄姑女，耿耿遥相望"把黄姑作织女的别名，似乎更合适些。

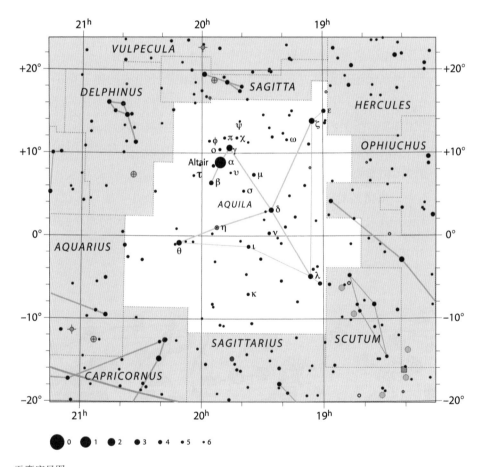

天鹰座星图

关于牛女故事，国内已出有专书，这里不再详述。七夕的节令，曾随中国文化流传至日本，到现在他们还很珍重地过这个节（在中国，广东的七夕也还很热闹）。小泉八云有一篇星河佳话，叙述很详细。本想附在这里，因篇幅关系，又抽出了。

十九　箕斗

　　现在，似乎习惯上箕尾、斗牛连称的多，但天象上实在是箕斗最为接近。古诗中说"维南有箕，不可以簸扬；维北有斗，不可以挹酒浆"，是把箕斗并列的，所说的斗通常认为是指北斗，但若以为是指南斗，也说得通，南斗的确也是在箕宿之北。西洋把箕斗两宿并称人马座（旧译射手座），像一半人半马的怪持弓而射，箕是弓箭，而斗是人马。不过虽有这一个定名，斗宿绝像一柄勺子却是大众所共感的，因之民间就仍有乳勺之名。银河的西名是乳路，当然搁在乳中的勺会被叫作乳勺，不过这勺不是匙在乳中，而是柄在乳中，也稍微使人感着不自然。

人马座

构成箕形的是人马座 γ、δ、ε，成一小三角形，ε 星居下端的锐角上。又遥缀一 η 星，大概不能列在箕形之内。这四颗都是三等星，全浸在银河里。构成斗宿的，由斗柄起是人马座 μ、λ、φ、σ、τ、ζ 六星。σ 星是二等星，λ 星是四等星，其余都是三等星，所以这座星虽不十分辉煌触目，却有平均的亮度。不过这诸星所集的地带只占人马座领域的三分之一。箕斗以东，约略阔二十度、长二十度的区域也本列入人马座内。斗宿的东北，有许多星略成环状，是中国所称的建星。建星以南通常只见青苍一片，但其间有人马座 α、β，看星者要竭目力才能看到。以小星作 α、β，而以最明的星作 σ，显然是因为命名的时候所见与我们现在不同。有人说人马座简直是一个变星区域①，这说法也颇受人注意。

　　箕斗两形之北，长蛇座与天鹰座之间，有一盾座（即盾牌座），其中只有小星，不很重要；南面在尾宿之东是南冕座，这南冕座差不多形成一环，所以中国称之为鳖。但就亮度说，它是不能和北冕座并论的。南冕座与人马座东部之南，有一新设的远镜座（即望远镜座），星更渺小，我们不大能看出。远镜座之西，尾宿的底下有一天坛座，则隐约可见，这也比较可注意，因为这是天河的去路。

　　天坛座那边的银河特别细而淡，又近地平线，通常是辨不出的，所以中国自来以为天河起于箕尾之间。虽然这是个错误，但据近代研究的结果，箕尾在银河确有特殊的地位。银经的零度虽然定在银道与赤道交叉的地方，而箕宿则当为银道与黄道交叉之处。赤道多变动，而黄道则绝少变动，将来必定是银黄交叉点更被重视。再则，据现在的推算，银河的中心大致近人马座 γ，银经三百二十五度。银河的全形是椭圆，由箕尾座后的银河到正对面的御夫座后的银河（银经一百四十五度）的距离与银河的长径相当，这长径约为四万七千光年。太阳系的位置偏在箕宿与其对面的银河（御夫座方向）之间，就是对银经三百二十五度的银河的距离，计算起来要在银河长径之上加上离箕宿的距离，

---

① 实际上没有这么绝对，但对人马座变星的研究确实是有影响的工作。在人马座的方向上，天文学家沙普利曾利用造父变星的周光关系来确定当时所知的那些球状星团的距离，于一九一八年构建了一个新的银河系模型。一九二五年，哈勃测定了人马星云 NGC6822 的距离，证实了该旋涡星云也是一个河外星系，从而使人类探索宇宙的视野从银河系扩展到了河外星系。

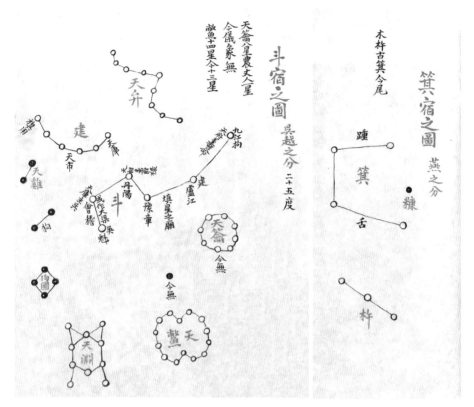

斗宿和箕宿

这数目约为五千光年，是偏出颇多了。

虽然箕尾一方的银河距离较远，但箕尾一方所可测见的银河外的景象比较多。这就是在讲武仙座时提起过的球状星团。据屈伦甫留（R.J.Trumpler，今译特朗普勒）最详的球状星团目录，所列共三百三十四个，而三分之一都在银经三百二十五度左右。沙勃莱（今译沙普利，曾任哈佛大学天文台台长）补订的梅西尔星团星雾目录内，共列球状星团二十七个，更三分之二都在这附近。这三分之二中又有一半都在人马座内。计在人马座内的是 M22、M28、M54、M55、M69、M70、M71、M75。其中 M22 为光辉最大的球状星团，光等达三等，但因渗混在银河边际，不易辨别，其地位很近人马座 λ，看星者可由 δ、ε、λ 星形成的曲线延长向上寻出。M55 的光等也达四等，在银河界外，可由

奥米伽星云 M17

三叶星云 M20

人马座 σ 延伸一直线向下寻得。其余的都非目力所能见。

除球状星团外，人马座更富于银河星团。在梅西尔目录所列的二十五个银河星团中，在人马座内的有七个，都是目力所能见的。银河星团都是在银河系统以内的，比球状星团近了很多，而光等不及，可知其大小相差很远。银河星团和银河外的天体比虽小，但若取以和太阳系比，又非常庞大。这些星团是应和太阳系所在的本星团并论的。假定那些星团内有人类，他们就也要用望远镜才能察见我们的本星云。

上两者外，更有不规则星云 M8 和 Ω 形星云 M17，而三裂星云（即三叶星云）M20 尤为天文学家所注意。因为若弄明白它的性质，是于星团星云的研究大有裨益的。

星云之多，固然造成箕斗的特殊地位。就日常说，则它的另一可注意处是现在冬至点所在。人马座 μ 是最靠近冬至点的星。在冬至日，太阳就走到那边。我们平常要知道冬至日太阳在天空中所行的路线，只要一看人马座 μ 所行的路线就得。在屋内，凡能看到人马座 μ 的地方，就是冬天太阳所能照到的地方。人马座 μ 由东升到西落所需的时间，也就是冬至日太阳升落间所需的时

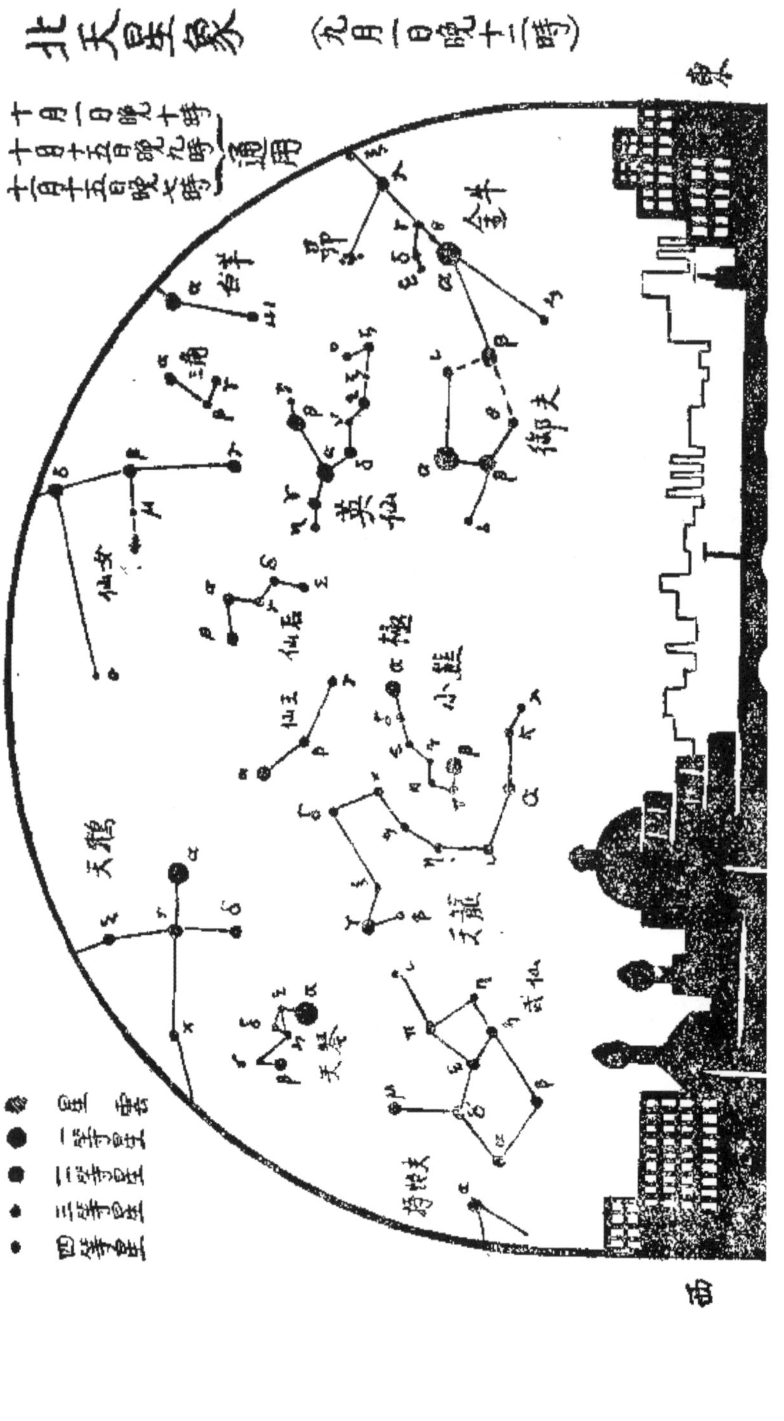

北天星象 （九月1日晚十一时）

十月一日晚九时
十月十五日晚九时
十一月一日晚八时 通用
十一月十五日晚七时

五车
御夫
台
三角
英仙
仙女
仙后
小熊
天鹅
天龙
仙王
天琴
武仙
天鹭

星云
一等以上星
二等以上星
三等以上星
四等以上星

北天星象（九月一日晚十二时）

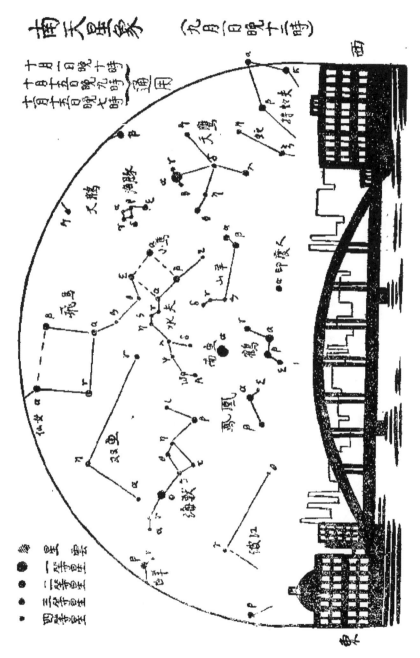

南天星象（九月一日晚十二时）

间。在九月初，人马座 μ 约在下午二时二十分东升，夜十二时二十分西落，在天空中运行十小时，冬至日的太阳也是在天空中运行十小时。再粗略点说，每一座黄道星座就大概示出某一季节的太阳行道，这是最能增加我们认识黄道星的趣味的。

　　这一篇里，我没有提及关于人马座的神话，实在也因为没有什么可说。

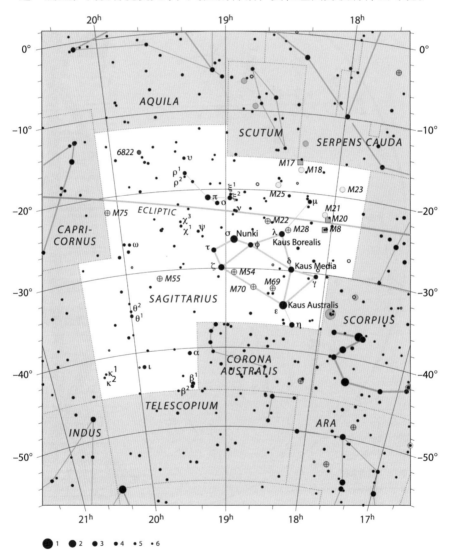

人马座星图

二十　海豚

　　天上的许多小星座中的星光很微弱，海豚座虽然不是例外，然而比较起来，值得注目些。密集在一处的五颗星都不失为三等，自然联系成为一触目的形状。海豚座的地位也很容易寻出，由天鹅的尾画一条通过右翼的线，就会直延长到海豚座。它在牵牛的东面，比牵牛略微高些。上面的四颗簇成一个菱形，西面的两颗是海豚座 α、β，东面的两颗是海豚座 γ、δ，另外一颗 ε 星则斜垂在菱形的西南。依旧图，菱形是海豚的头，垂出的 ε 星是一条尾巴。构成本座的主要部分的菱形最容易使人联想到的却是钻石。天上本有许多单个明星，被称为宝石、钻石，但以单个的星比拟钻石，所比拟的只是光彩而不是形态，论形态。怕以这个小小的菱形为最像了。

　　然而把海豚座的菱形称作钻石似不曾有过。它的另一个名字是约伯之棺，而这不能使人看出其相像处来。中国给它的名字是败瓜，恐怕是连座内更小的

海豚座

星也算在内的。这办法未免有点煞风景，因为把美丽的姿态改为丑陋了。民间把它称为梭子星，取以和织女关联，倒还有相当意味。

据希腊的神话，海豚是海王的坐骑，它曾载着美女安特利德（今译安菲特里忒）到波塞冬的水晶宫殿来。一个美女坐着海豚在海水里漫游，其情态比马上英雄在旷野上奔驰尤为动人。我想谁也曾见过美女骑鲸的新年画吧，如果还留着一个美丽的记忆，则见到海豚座，当会把这记忆唤起。可惜的是，故事中的美女并不是天上的星座，这未免要使人不能完全满足。

海豚所处的地带是很优游的，西面是天河，东面则是天上的大海，水夫（即水瓶）、鱼（即双鱼）、南鱼、鲸鱼都在邻近，当然可以不感寂寞。不过在叙述大海之先，我们还得先说一非水族的山羊（摩羯）。

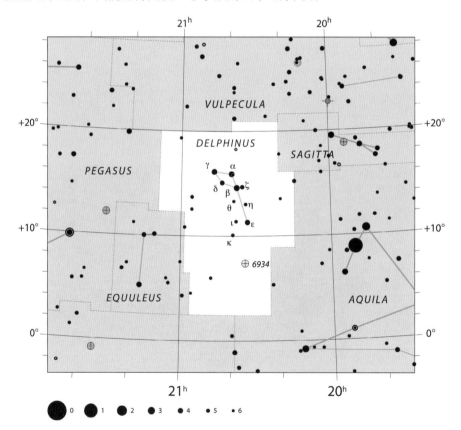

海豚座星图

二十一　山羊（摩羯）

　　山羊并不是海豚的近邻。海豚的南境，是与天鹰及水夫（即水瓶）的两边境接壤的，但其间没有明星。我们由海豚向南，就一直要迹寻到山羊座 α、β，才见到两颗三等星像支点一样点在天空中。这两星是侵入天鹰与水夫两境的犬牙，是山羊头上凸出的角。羊身是东横在水夫下面的。羊身上的星都还没有角上的星亮，非深黑之夜，不易辨出。

摩羯座

虽然山羊里的星很不明亮，但因为它的地位是在黄道上，倒是素来都被人注意的。两千多年前，冬至点在山羊，所以夏至的时候，它在南中天，西洋人就为它立下热带的山羊之名。在中国，冬至点在牵牛时，自然它也异常重要，因为它就是牵牛的一部。还有婺女，虽在西洋是水夫座，但与山羊极接近，就在山羊的背上，上接海豚。中国把牵牛婺女连称，倒也是颇有理由的。所以，婺女还是在此地一提为便。婺女这名称很流行，通常都用以称誉女人，祝女人的寿说"宝婺星辉"，吊女人的丧说"宝婺星沉"，然而古说婺女是贱妾之称，这怕将给辞章家以一极大的惊骇吧。

中国牵牛有六星，但最为视眼所易见者只有牛宿一、二（山羊座 β、α）。据波斯天文家阿尔苏菲的记载，那儿且只有一颗亮星。西洋学者以为这两星或许以前本是不可分析的连星，而后来相互远离。这两星现在还在向相反的方向移动，也许千余年后其距离将又为现在的二倍。中国对于这星的记载虽然很古，然因文字都不精密，无从取以证明阿尔苏菲的说法真确与否，是很可惜的。

有人说这山羊是哺乳宙斯的山羊，但希腊神话则大致说这是般神。自他跃入尼罗河之后，上身仍保留着羊身，下身则化成鱼形。这个故事恰好解释它为什么位于射者（即人马座）与南鱼之间。

埃及人把山羊当作尼罗河之神，因为它是尼罗河涨水的预兆。拉丁人则称之为雨讯报告者，因为它升起时正是暴风雨的季节。就现在说，它约在八月初的晚间七时初见东方。在中国，这也正是常有暴风的时季。拉丁人的传说，我们倒正好应用。

山羊的身与尾向东南斜下去。假定南中天的一点是个山峰，则这山羊上升后的形势是奔跃上山，而到达南中天后则缓缓下山。当它将近南中天时，射手座（即人马座）由中天斜向西南，山羊座由中天斜向东南，形成八字的式样。在八字之下，通常是一片虚空，因为射手座的东南部及山羊座下的显微镜座都是没有较亮的星的。不过在我们的纬度，还可以看到显微镜座以南，因此在深黑之夜就可以看到近地平处有几颗淡星闪烁。这些星自西面数起，是孔雀座 α、印度人座（即印第安座）α、天鹤座 β，都是二等星。仙鹤座最靠北，所以可全部见到。清明之夜，三星排立如一起重机，向上与南鱼座 α 相接。

一九三三年到一九三四年，土星就差不多沿着山羊的身子行进。直到一九三五年秋，仍可由山羊座 α、β 画一至土星的线而迹寻山羊的全身。再以后，我们似只能勉强应用较南的南鱼座 α 了。

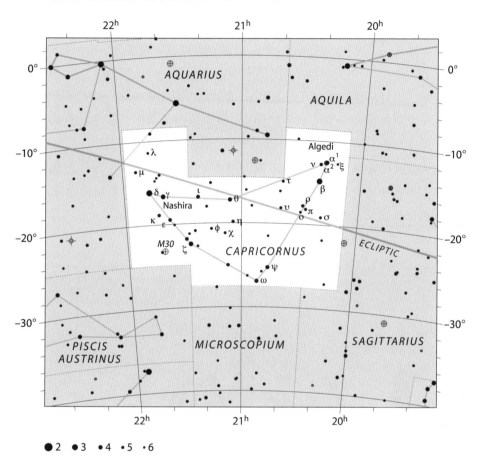

摩羯座星图

二十二　北落师门

从天鹰座 α 处的赤纬到南鱼座 α 处的赤纬是三十八度多，从天鹰座 α 处的赤经到南鱼座 α 处的赤经是四十五度多，其间的一千七百余平方度中没有一颗一等星，已经可算荒凉，而南鱼座 α 的东北方面尤其荒凉。东面最近要一直数到八十度以外才是金牛座 α。西南边，前面说过天鹤座、印度人座（即印第安座）等座中也只有二等星，唯一最近的明星是其东南的波江座 α，然而这连在我们的纬度也难窥见。南鱼座 α 真是居在一寂寞之国内，中国称之为北落师门，古书则仅称为北落，真使人起寥落之感。西洋也常称它为海角的孤星，它的孤独因近代迄未发现其有伴星而更得以证实。

南鱼座

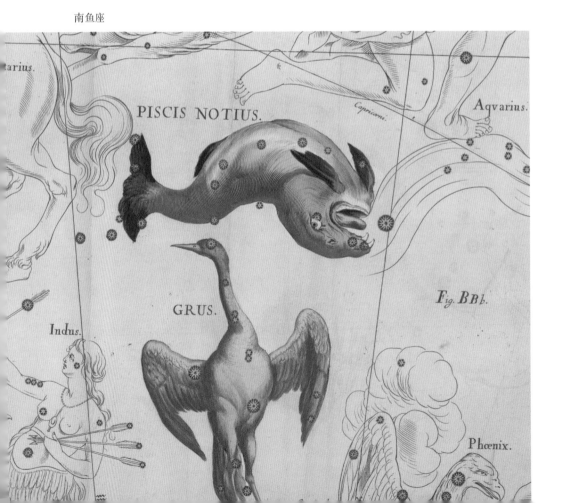

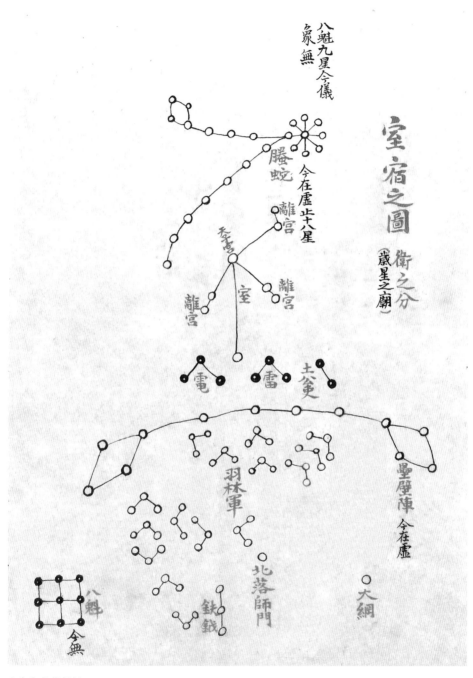

室宿和北落师门

南鱼座 α 的阿拉伯名称是鱼喙（Famalhant），后来为欧洲所沿用。由这名称的意义，可知这星是本星座一端的极限，鱼身和鱼尾在鱼喙之西。上边的 ε、λ、η、θ 星形成较曲的一线，是鱼脊；下边的 γ、μ、ι 三星形成较直的一线，是鱼腹。ι 以下是尾。如果能都看清楚，倒是与中国的鱼佩颇像的，但那些星都在四等以下，位在接近地平线处，几乎完全隐没了。

不但四等以下的星受地平线上蒙气的影响，就连北落这一等星也很受了影响。不曾认识这颗星的人，无论如何是不会一眼看出它是颗一等星的，因为在蒙气里，它已差不多降为二等了。它是颗白色的 A 型星，然而我们看去，总觉它带点红黄，也是蒙气的影响所致。实际上，它的体积较太阳为小，而光辉为太阳的十三倍半，距离只有二十四光年。一切和它的西邻牛郎都极相近。

北落在航海上殊为重要，它位在白道（月行道）之上，又极近赤纬南三十度（只差一分三十九秒，等于极星离真极的距离的六十分之一），自然是极好的标志。就算我们平常记着这一标志，也极有意味。在我们的北方，北极出地三十多度；北落中天，则是在南方出地三十度。我们看着这两星对照，一定起一种惊叹。

北落南中天的时刻在九月一日，约正当零时（较准确地说是零时十六分余）。在我们的纬度，南三十度的星的半自转弧（一天体由地平线下三十五度达到中天所需之时间）是四时三十八分，所以北落在九月一日东升的时刻约为晚上八时，而西落的时刻则约为次晨四时半。这可说是一个短短的旅程了。北落不但每天的旅程很短，就是一年间在天空中驻留的时间也是比较短的，从二月中的晨出东方，到四月杪的继昏而没，和我们差不多有两个月的暌违。比起北三十度的星，只要我们有心迹寻，每夜总有一个时期可以寻到，它自然不如了。

九月一日北落中天的时候，天蝎还未尽落，金牛则早已升起。由金牛座 α 到蝎心，大略为周天之半，北落则位于两者之中而略偏东，所以说每两星间得周天的四分之一，也是大致不错的。很凑巧，蝎心之东的九十余度又有一颗一等星狮心，这样就把周天分为四等份。波斯人就把这四大星称为四天守，认为它们各领一方，为四大天王。中国古代也有四守之名，《淮南》上说"太微少微，紫宫咸池，四守天阿"。四守天阿为注家所争论未决的问题，其实简单认为上四星是分守天阙（阿）之星也很了当。所难的是所述四星很难确定。有一种解说且以为太微即是紫宫（这原是后来成为流行的解释），就弄得无从解为分守。然太微究竟该是轩辕（狮心），而咸池如是五车，即可以是金牛；如能考定紫宫少微可以有别解，其中当有一个是北落。

至于《天官书》上的四宫，青龙与四守之一相同，咸池也许是同的，朱雀大概和轩辕相异，玄武却很可以是北落。书上在北宫玄武之后接以虚危，似乎玄武即是虚危，不过虚危与玄武无关，而北落则是师门。北落处在羽林天军、垒、钺诸星之中，则为原始的军神，自然不算无理由的推测。现在武事上最流行的神是关羽，玄武则比较早些，怎样的来源，这里不能细考，大概总是从星官而来的。民间的神庙里，神前有龟蛇二将，也有人说龟是指南斗边的鳖星，而蛇是指营室北的腾蛇。如果不错，这也算是些最富于神话意味的星座了。

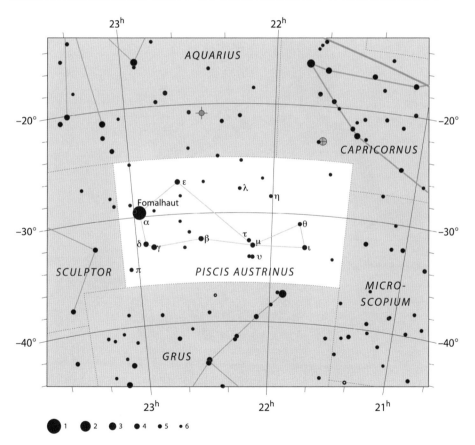

南鱼座星图

二十三　水夫（水瓶）

当北极与北落对映于南北两天的时候，子午线上，可说再没一座明耀的星座。由北落向北数，最近的是水夫（即水瓶座），一部分在赤道上。赤道之北，蝎虎简直非常渺小。再北就到仙王，距极在三十度以内。三座中还以水夫为较大，但也正因为大而朦胧，如果不是借北落的光，差不多无从认识。本来山羊（即摩羯）与水夫的境界关系非常密切，而现在先说南鱼，后说水夫，就为了容

水夫座

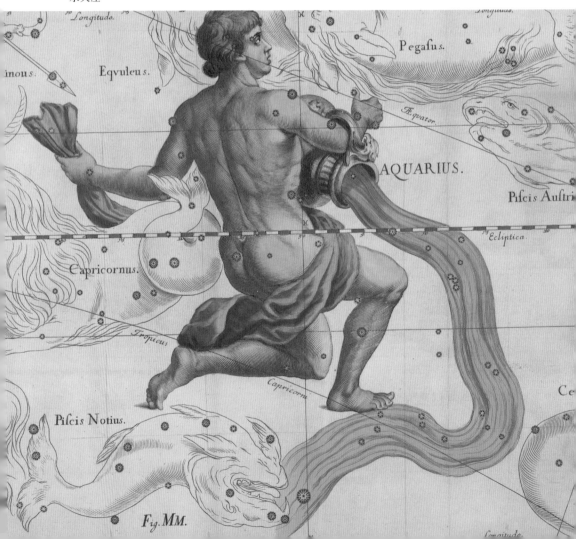

易说明。

在北落直上约十度的地方，有一颗三等星，这是水夫座 δ。再向上可得水夫座 λ，这是水夫最东的易辨之星。由水夫座 λ 斜向赤道，就见有几颗星屈作 N 字形。这几星差不多与牛郎相平，其中最西的星是水夫座 α，光等也只有三等。由水夫座 α 向山羊座 α 直斜过去，在等距离上又有两星，近水夫座 α 的是水夫座 β，略远的是水夫座 ε（婺女一）。水夫座 ε 之西就是水夫的尽界，迤北的西邻是天鹰，迤南的西邻即山羊。山羊又同时是水夫座 ε 到 α 这一段的南邻，同段的北邻则是海豚。海豚东是一小星座小马，再东是飞马的东南疆。小马内，只有小马座 α 是易见的星，其东的飞马座 ε 也差不多明亮，也就是和水夫座 α、β 差不多明亮。这四颗等亮的星又恰好构成一四方形，颇为整齐。在水夫中天的时候，这四方形斜着，但在东南方时平正得如悬在天幕上的一架镜框。每次看到总不禁奇怪，最初的人为星座命名的时候，为什么不把这四星连在一起？

中国星座的分法多少曾注意到这四方形。因为虚宿是小马座 α 与水夫座 β，危宿是飞马座 ε 与水夫座 α，两合就正等于这四方形了。水夫座 α、β 以南的山羊东部虽然是暗淡的部分，但其间的星颇多，中国也以诸国唤它们，与隔河的天市垣中的列国遥遥相对。列国以东是水夫中的微星密簇处，近山羊处称羽林天军，再东是垒、阵等星，大概是与北落师门关联的部分。羽林天军、垒、阵诸星之上是云雨、霹雳、雷电、虚梁、坟墓、哭、泣等星，这些星官大概把水夫北部、飞马南部及双鱼东部的一切微星都包括在内了。

把武仙的微星攒集部分和这微星密集部分连成一线，可以形成本星团的圆弧的一部分。如继续将这圆弧向两端延长，可以想象出本星团在空间的位置。

这些密簇的微星，在中国被认为与北落师门关联，已如上说；在西洋，也被认为是水夫、南鱼间的关联。据神话，水夫是海老人，右手持一宝瓶，把不尽的水倾向东南的海中。要从水夫座寻出水夫的形象是不可能的，旧图中水夫座 α、β 是两肩，水夫座 λ、δ 是屈着的右腿，左腿是西面约略等曲的部分，但不容易辨认。自然这一点也不像一个人形。至于把东部的微星当作一注从瓶中倾出的水，则是容易想象的。我们平常就把喷溅的水花比作历落的繁星，反转来，似水花的真的繁星自然只呈现更动人的情状。宝瓶中下注的水曲折流入

阿拉伯文献中的水夫座形象

南鱼的口内。

自然宝瓶中的水不专为养鱼。自巴比伦以来，都认天上的这一方为海，而水夫是海王，他的宝瓶就是海水的总源。这与《西游记》上说观音的杨枝净瓶能装四海之水颇为相像，我们是容易了解的。

除了阿拉伯人，因为《可兰经》（即《古兰经》）禁止把星绘为偶像（其实也有不少绘为人形），乃改画为驮着水桶的骡以外，水夫为一人形在西方是很为普遍流传的。但究竟是谁，则有种种传说。在海王星未发现之前，自然他是唯一的海王，到现在星占学上还沿用着。不过自来除说他为海王之外，也早有不同的传说。一些古代诗人称他为宙斯用洪水毁灭人类后仅存的男子德留寄（Delage，今译丢卡利翁），有些人以为是诸神的捧觞者加奈美德（Ganymede，今译伽倪墨得斯），又有人以为是指示海勾力士（今译赫拉克勒斯）去寻巨人阿忒拉斯的海老人。

水夫所以为水夫，是因为它与涨水季节颇有关系。埃及人说它西落的时候尼罗河就要涨水，希腊诗人平达尔①就曾说过它是尼罗河泉源的象征。阿尔苏菲就波斯的季候讲，也说"它升起的时候，雨季到来；它落下的时候，热风终止，果谷成熟，白露下降"。因此，波斯人称它为幸福中的幸福。中国有关水夫的传说似乎没有，然虚为哭泣之事，其旁又有云、雨、雷、电，仍须说是与水有关的。

我想题作《泉源》的那幅名画大概我们都曾见过吧。一个美丽的少女右手举起了水瓶，把水倾泻满地，这颇与水夫的图形相似。如果水夫是一个少女，

---

① 今译品达（Pindar，约前五二二年至前四四三年），古希腊抒情诗人，被后世的学者认为是九大抒情诗人之首。

不更美丽吗？虽然传说上的水夫多是男子，但至少有一说法多少与女子有关，便是把宝瓶中不断流泻之水比作妇人的长舌，泛滥不尽。

现在，水夫昏见东方的时候大概是在八月中旬，这时正是天气极热的时季，水夫的名字会给我们一种舒适。市上流行的正广和汽水商标原名正是借用Aquarius（水夫），这自然更使我们联想到一帖清凉剂。

水夫是黄道的最末一宫，其一边逼近赤经零时，跨于赤经零时上的双鱼宫也是它的北邻呢。

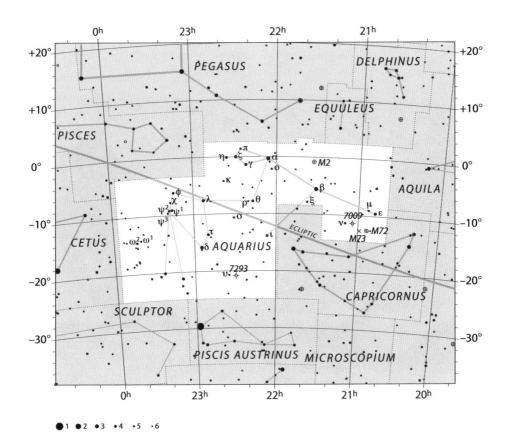

水夫座星图

二十四　双鱼

我们这里可以作一回顾。从赤经十二时的室女到这里所要说的赤经零时（也就是二十四时）上的双鱼，已经经历了天球赤道的一半。虽然赤道以南的若干在十二时以东的星尚未说到，但赤道以北，我们曾说了远入十二时以西的大熊，也略相当。如果现在我们把二十四时以西的星座也都说全，则我们可说，对于可见的西半天球上的星座，已完全认识。就赤道以南说，南鱼、天鹤都可

双鱼座

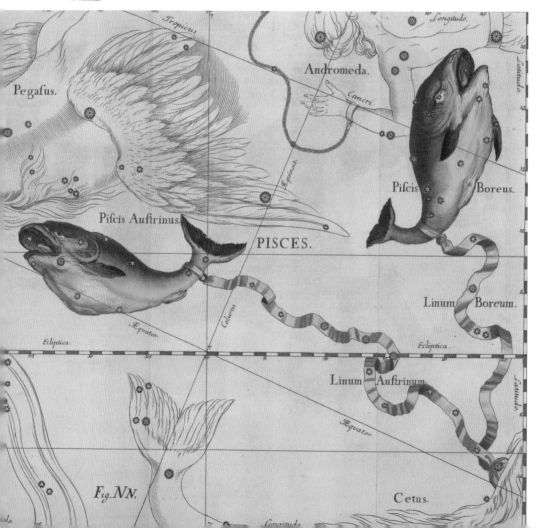

说已紧逼二十四时，仅余并不包括明星的玉夫和凤凰的一小部分，无关紧要。至于赤道以北，则天津东边仅达二十一时，其东完全在二十四时以西的尚有仙王、蝎虎二座。大部在这边的有飞马，小部分在这边的有仙后。我们似乎该先说完它们作一结束，然后再就零时以东说下去，而不必现在就把双鱼提出来先说。

不过，仙王、仙后、飞马都与零时以东的公主（即仙女）、英仙、鲸鱼有故事上的关联。它们既然都互相接近，大可不必分开。至于双鱼，一则一部分本在零时以西，二则它是与水夫（即水瓶）连接的黄道宫，古时本位居水夫之次，三则它和南鱼似都该与水夫有关系，四则它横亘于飞马和鲸鱼之间，如在叙述那一群星座的中间夹叙，殊不方便。这样，在此先叙双鱼，似很有理由了。

在九月一日，赤经零时要在一时二十几分才中天。但这在初秋，我们似不难等待。如果早就有宽裕的时间，则在它未中天时就看，也尽可随意。可是这个星座实在不是为了给人看而设的，我真没有法子指示它的地位。约略说，在宝瓶所倾的水滴之上，赤道以北，赤经零时以西，也有许多微星，就是南边那条在平泳的鱼，鱼尾上系有长绳，一直延绵到赤经二时，乃与另一根由西北悬来的绳相结。那绳的西北尽头也系有一鱼，头向着仙后。现在是以南边的一条为重要，因为零时位于这界内，不过恰巧在无星之处。

双鱼现在仍称为黄道第十二宫。埃及仍保留着"黄道止于双鱼宫，如埃及境止于地中海"一句俗语。但阿拉伯人就已不同，他们把双鱼的东部别分立为燕座，认为是春归的消息。这自然是因春分点在其间而定的名称，约当一千年前的时候。一千年后，春分点要入水夫了，那时一定也有人会以我们特别注意双鱼为奇怪。

这双鱼占有希腊神话中最美妙的故事。这是海王统治的海，双鱼游处便是美神维纳斯的诞生之所。我们如见过维纳斯之诞生那幅名画，或见过金发爱神那部影片，恐怕不能相信那样美丽的境界却以双鱼作比拟吧。另一个故事则说这双鱼直接表示维纳斯与她的儿子丘比特（爱神）本身，那是古叙利亚的故事。有一天，女神亚丝他忒（Astarte，相当于罗马的维纳斯）在幼发拉底河上遇到大风，与丘比特同堕入河中，于是化为双鱼。美神、爱神，我想总是一般人所最熟悉、最爱好的神祇了吧。

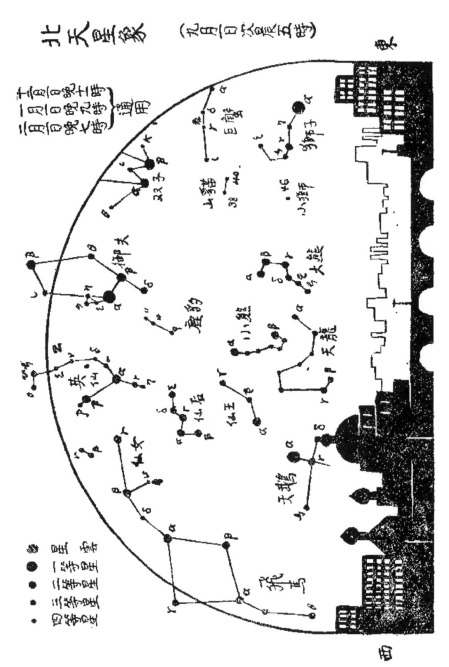

北天星象 （九月日次晨五时）

北天星象（九月一日次晨五时）

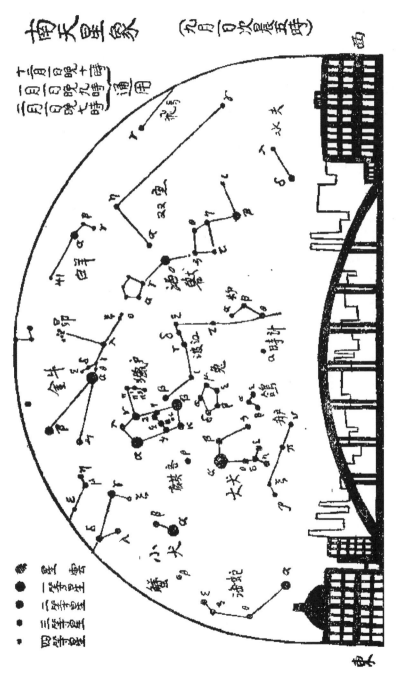

恒天星象 （九月一日次晨五时）

十月一日晚十时
一月一日晚九时 通用
三月一日晚七时

南天星象（九月一日次晨五时）

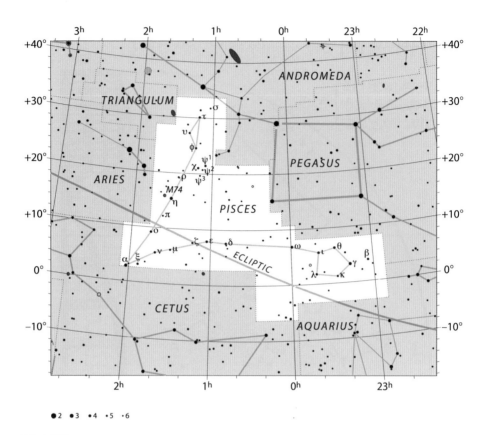

双鱼座星图

二十五　仙王

我们的眼光现在用得着一次跳跃，由赤道越过两个星座而入极圈。我们将叙述极圈内剩下的唯一可见的星座，这就是名为凯佛士（Cepheus，今译克普斯）的伊索比亚国王。大概因为凡天上的星都是仙人吧，我们将其翻译为仙王，所以这是王而仙，而并不是仙中之王的意思。这仙王既不伟大也不显赫，并不特别容易认，不过我们既认识北极，又认识天龙，并且已讲过与它同赤经的南天的星，自然很容易把它寻出。

先就赤经说，它的东西边界都差不多与水夫（即水瓶）相当，但赤道上的四十五度与北纬七十度上的四十五度是很难做直接的比例的。它们在西边与天龙接邻。天龙的项下一曲，即中国称为天厨的部分，正和仙王的中心相并。天龙座 ε 与仙王座 β 都大约恰在北纬七十度上。仙王在南中天时，其主要的星大致可说是成南北线的，其时北极座就成了东西横向分布，北极星在东，与仙王座 α（南）、β（北）成一直线，而北极星与北极座 β 的连线则与此线成直角。仙王座 γ 在仙王座 β 与北极星之间的东面，与两者的距离相等，形成一等边三角形。

α、β 星是仙王座中最西边较明的星。仙王座 γ 则斜在 β 星的东北，接近赤经零时，其与 β 星的距离和 β 星与 α 星的距离也差不多，都大略为五度。通常的星图上都只突出这三星，较详的则更突出 α、β 星之东与二者平行的 ζ、ι 两星。这 α、β、ζ、ι 四星也差不多成一四方形，ζ、β 星的对角线可以延长到仙王座 κ，在 α、ζ 星之间有 μ 星，ζ 星之西有 δ、ε 星。

仙王是著名的 K 字形星座，但这 K 字既不清楚又不齐整。说 α、β、ζ、ι 星及其中间的一星构成一大写的 K 固然可以，说 α、β、κ、γ 星构成一小写的 k 也可以。K 字的形象，自然也无从想象其像个人形。在我们的纬度，虽然仙王还算是永远不落的星座，但因为它在极下的时期是在冬天的晨前、春天的暮后，那样的时季天气每不能清朗到能容许我们辨认极下的星座，所以我们多不能看见仙王的直立形。在秋天，它在南中天的时候完全竖蜻蜓样地倒立在极上，我们还是宁愿放弃人形的想象吧。

仙王座

仙王主要的星都在黄极圈边境，α、γ 两星距黄极圈尤近。大约一千五百年后，仙王座 γ 将向极进二十度，而现在的北极星则背极退二十度，两星距极的度数大致相等。那时，我们的北极将没有北极星，而我们只凭两星周旋成的圆圈认极。再一千余年后，仙王座 γ 成北极星；六千年后，仙王座 α 成北极星，那时我们的黄极圈当不似现在荒凉。

仙王座 γ 的邻近，又是著名的仙王座流星雨的放射点，在每年六月秒就可发现。自来传说这是暴风雨的预兆，罗马诗人魏吉尔（今译维吉尔）曾歌咏过它。

仙王座 γ 附近有一颗深色的星，与 γ 星的淡色形成显著的对照，曾为威廉·侯失勒（今译威廉·赫歇尔）所注意而特殊之为加奈特星（Garnet Star，仙王座 μ，也叫石榴星）。凡这一切都把不见重要的仙王点缀为富有趣味的对象。

但上一些都还未使仙王成为极端重要的星座，把它的名字造成一特殊地位的是仙王座 δ（中名造父）。这是一颗变星。自变星被注意以后，人们发现它的光在做特殊的变动，而且极有规则。每五又三分之一日（五日八时四七分三十五点八秒），光等由三点五等减至四等，三天后又恢复。天文学家遂取以为短周期规则的变星代表，而成立仙王座 δ 型变星之名。

十九世纪末，星云成为天文学家所最注意的对象以后，毕克灵[1]发现仙王座 δ 型变星存在于星团星云之内，遂更引起天文学家注意而不断研究。一九〇五年，单在大小两麦哲伦云中就发现了两千个。很奇怪，这些星凡以同周期变光的，就都是同等明亮。以很多的数目同见于一处，当然不是偶然，可解释的理由必然是它们都以同等的实际光辉位于同样的远距。既然星云里的这型变光的各种性质都完全相同，则别种的这型变光也当与之相同，乃是自然的结论。就较近的这类加以观察，证明上一结论是对的。如此，凡有仙王座 δ 型变星的地方，只要取其星的光等与已知距离的同型变星的光等做一比例，就可以算出它的距离。现在，美国哈佛大学天文台台长沙勃莱（今译沙普利）就正用这标准来测定星云的距离。中国也被邀合作，已承诺将其列为主要事务之一。也许这未尽开拓的园地会给我们的天文学家一点发展机会呢。

---

[1] Edward Charles Pickering（一八四六年至一九一九年），今译爱德华·查尔斯·皮克林，美国天文学家，曾担任哈佛大学天文台台长，发现了第一颗分光双星。

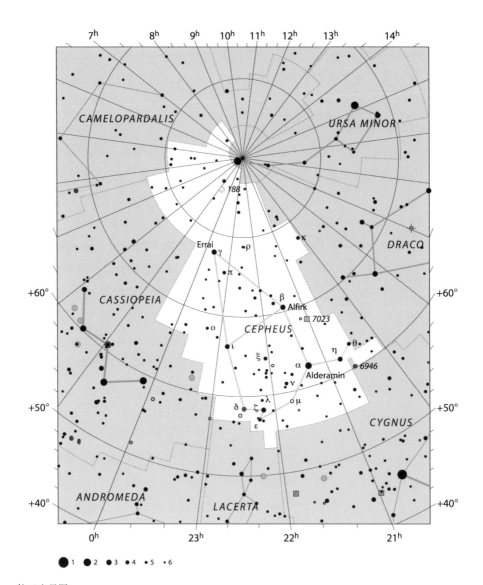

仙王座星图

　　中国星官中所列的仙王座的星很为详细，所以分立成几个星座，天钩、腾蛇、造父所包含的主要的星都是在这星座内的。因为太复杂，这里不想细说。关于仙王座的西洋故事，因为它不是故事中的主要角色，等到下面讲仙后、英仙等座时再提。

船尾座 RS（一颗位于船尾座的造父变星）

二十六 仙后

　　仙王的东边，是他的王后加梭庇亚（Casiopeia，今译卡西欧佩亚）。这星座的形状是比较像样的 W，因为构成 W 的五颗星差不多等亮。由起笔到末笔的各星号是 ε、δ、γ、α、β，但它并不整夜都呈 W 形。因为地位的变动，我们看它像 W 时实在很少，在东北相当的高度上看起来是数字 3，在南中天是 M，偏西北成为希腊字 Σ。Σ 这字母会使人想起新式锁上的匙孔，而古希腊人确也曾唤它为罗冈之匙过。

仙后座

然而最普遍的是把它认作椅形，这就得加上一与 α、β、γ 三星成四方形的 κ 星。依我们看，这星座在西北时颇有些像椅子，不过旧图所绘恰正好是一个颠倒。β 星是椅背与后腿；δ、ε 星是椅子的前腿，或垂在那儿的仙后的脚；α、γ 星是坐在椅子上的仙后的躯干。这样她是背着她的丈夫而向着她的女儿的。当仙后座刚全现于东方时，她可说是平稳地坐在天空的东北角；仙后座中天时，则她似仰躺在藤椅上；仙后座斜西后，她就如倒悬了。所以，故事上说她是被绑在椅子上的，不然一定会落下。而她陷于这样的地位，则是女水仙（即海妖）故意给她难堪。为什么女水仙和她为仇，则是因她过分夸奖她女儿的美丽，为海后所恶，遂命女水仙来处置她。

　　仙后座 β 离赤经零时很近，留驻天上的时间又很长，与北斗的指极星同为我们认时刻的自然钟针。我们只要知道仙后座 β 在这天的什么时候中天，就知道这天恒星时[1]从何时开始。恒星时大致是在秋分日和平太阳日[2]同时从零时开始计时的，由此可知在秋分前一月仙后座 β 中天是在二时，后一月中天是在十时，很为便利。γ、δ 两星，其功用则在作赤纬的标志，因为 γ 星在北纬六十度上不多，而 δ 星则在六十度下不多。当赤纬零度中天的时候，我们可以由仙后座 γ、δ 量一与距极相等的距离，倍之而指认赤道，并且可以就这三个相等的距离而比较其在视眼中的长短。

　　仙后座 β 的另一受注意处，是那方位是一五七二年出现新星的所在。这颗新星是最先为学术上精确所录的第一颗，而其亮度又为自有新星记录以来最明的，最光亮的时候超过金星，强烈的日光、朦胧的暗云都不能把它遮蔽。从这新星的出现到完全淡入也为时颇久，颜色的变更是由白而黄，而红而再白，以至消失，为时总达两年。西洋人疑为伯利恒星之再现，将有第二个耶稣诞生。中国史籍对这星也有记载，就是明隆庆六年的客星。

　　中国星图上，这一方的星都很复杂，构成 W 形的五星就分属于王良（东面两颗）、策（单个）、阁道（西面两颗），此外还有属腾蛇的，并有附路、华盖

---

① 恒星时是以地球自转周期为基准的一种时间计量系统。某地的恒星时是以春分点对该地子午圈的时角来量度的，并以春分点在该地上中天的瞬间为恒星时零时。

② 平太阳日是以地球自转周期为基准的一种时间计量单位。太阳连续两次下中天所经历的时间间隔为一平太阳日。平太阳日要比恒星日约长四分钟。

等星。但大致说，仙王的主体是腾蛇，仙后的主体是阁道，王良、策、附路等都只是为阁道而设的。仙王中的王良、英仙中的传舍等也是属于这一系的，如果缩小范围，仅称仙后为阁道也无不可。

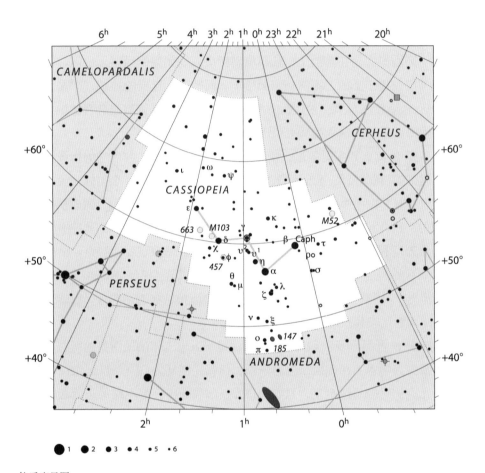

仙后座星图

二十七　飞马

　　现在不能顺延地由仙王、仙后，而仙女、仙婿（英仙）直写下去，我们有一个未说过的飞马必须在这里插说。虽然似乎插断，但飞马也是故事的一部分，它也有本来的地位。

　　先说过仙后，使我们很容易寻出飞马。把北极星与仙后座 β 的连线向南延长，再过三十度（如中天时即是到天顶），就得飞马的大四方形的左上角。这是仙女座 α，但谁也要把它列在大四方形之内。由仙女座 α 再向南延长十五度，

飞马座

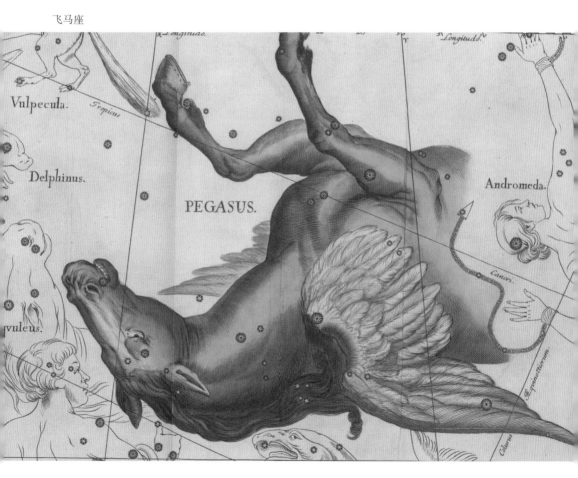

又得飞马座 γ，这就形成了大四方形的东边。大四方形的西边是飞马座 α、β 二星，赤纬是与前两星相平的，赤经则在二十三时，其地位尤较准确，穿极正与指极星相对。然因零时比较重要，东边两星就更见著名，它们和仙后座 β 合称，特别有指极三星之名。

飞马的东界就到大四方形的左边为止，其西界则在大四方形的右边之外，还有比大四方形更大的领域。在前面讲水夫（即水瓶）的时候，曾提到飞马座 ε、小马座 α，它们与水夫座 α、β 也构成一小四方形，这可使我们明白飞马的西南界。这小四方形与大四方形刚好是一正一斜，大四方形的一对角线垂直于小四方形的左边。大四方形外的线经过一颗三等星飞马座 ζ，ζ 与 ε 星可说是北纬十度的标志。

飞马的西北角与天鹅接邻。由飞马座 β 到天鹅座 α 的直线上，有飞马座 η、ζ，这与东北方仙女的斜势遥遥相映。飞马座 η 比飞马座 β 更近赤纬北三十度，它与仙女座 α 的连线就划分了我们天球的南北。我们又可以由观察这两星的升起之点而辨认寅方（东偏北三十度，正东北是四十五度，可由天津四及五车二的起处辨认）。当然纬度距赤道的远近不正等于地平线的方位角，然而纬度所指示的方位比赤经更准确。飞马大四方形的左右边相距十五度，但当它出现于东方地平线上时，其地平经度是绝不止十五度的。这大四方形的两边是训练我们辨认方位的极好对象。不过九月一日以后，我们所能有的见它东出的机会已经少了，因为飞马的东边在九月一日下午七时就要升起。在我们认识飞马之后，要赶紧就去观察才得，也许第二天你就愿意注意一番吧。

飞马的形状只是马的前半截。由 α 星至 ε 星的一线像飞马的头，由 β 星至 ζ 星的一线像疾奔着的前蹄，大四方形表示前半个躯干。据一个传说，马的后半截是还在海中的，因为它是海神波塞冬的坐骑。这故事显然不和通常的说法相同，似可搁开。古代的星图是把仙女绘在飞马的背上的，其方向就正和较近代的图相反。在我们的纬度，似乎还是该承认较近的图，因为飞马中天时虽大部分都在我们的天顶以南，依新图，它的姿势可以不颠倒，但飞马到底在东北、西北的时候比在中天的时候为多。

著名的飞马大四方形将座内其他的微星湮没，但其中的星实在颇多，单就大四方形以内说，就很足惊奇。据说数大四方形中的星数可以测验人的目力，在星朗之夜，目力最好的人可以数得一百二十颗。

飞马中也有变星，其中飞马座 U（变星有特别的记名法，就是在星座名称之后，用 R、S、T、U、V、W、X、Y、Z、RR、RS 等顺次命名）是著名的闪星。由明到暗，再突然睡醒似的转明，总共只要九小时，可说是短周期变星中最短的一例了。

大四方形的西边是中国的室宿，东边是壁宿，更古称营室东壁。最初东壁恐怕更被包括在营室之内，而以营室为一大星座，连仙后的大部分也被包括在内。壁宿在十二次中称为娵訾，这在前面已经讲过。我很相信娵訾是子，而立春在营室五度的时代，就是以建子为岁首的。

壁室两字连读很有些像 Pegasus（飞马的原文），自然这仅是说着玩玩，然而最初这星座若是由我翻译，我是很愿意译为壁室的。原文本是马的名字，自然不妨音译。

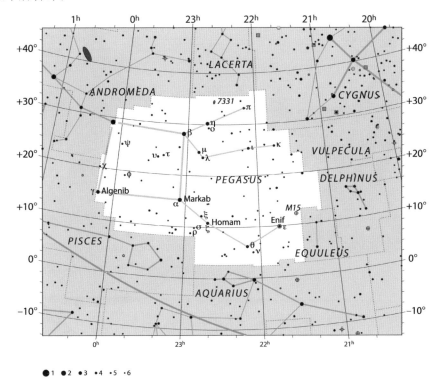

飞马座星图

二十八　鲸鱼

　　飞马东南的双鱼说过了，再往东南就到鲸鱼。如果飞马西北的海豚使我感到天上的海中生物太渺小了，则鲸鱼示我们以足惊奇的伟大。它的领域大致等于水夫（即水瓶）加山羊（即摩羯）或飞马加仙女，东西最长几达六十度，南北最阔达三十五度。其所以能占这样大的区域，大概是因为这一方星都既小而又疏。

鲸鱼座

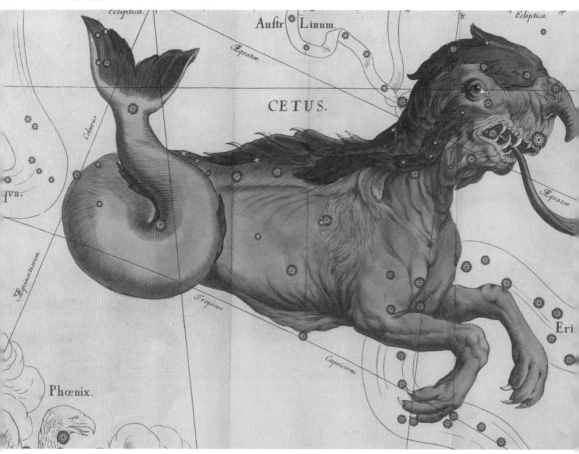

鲸鱼座中唯一的明星是鲸鱼座 β（中名土司空），然也不过二等，距离约为八十光年，是较红的 K 型星，也没有可特别注意处。不过它大概可说是鲸鱼座易见的星中最西的一个，在旧图上是在鲸的尾部所绕成的一圈空隙中。其东是四星构成一梯形，梯形的左下角可以经过几星，而通至另一由五星构成的下覆的梯形，为鲸头。两处的星都不很明，值得注意的是线上的一颗变星鲸鱼座 o，其专名叫奇迹。

这颗变星在三百年前就为德国天文学家法卜雷克① 所发现。这颗星的光不绝在变，光等的变化范围颇大，从最暗到最明，增加几达一千五百倍。它在最暗的时期是非用望远镜不能察见的九等星，逐渐增光为八、七、六等。为肉眼所能见后，这星更逐渐增光至二等，其为期约四个月。这星在二等光中驻有约一个月，其光又逐渐衰减，约五个月而又回至九等。每一周期共约为十一个月。凡变光性质与此相近的都以这星为代表，称长周期变星。

奇迹不仅在变光方面是奇迹，近代天文学更发现它在体积方面也为天空中的一大奇迹。它是 M 型红色星，热度不高，质地不重，而体积则极大，与太阳比较，则为太阳的三千万倍，为仅次于心宿二的大星。

仅是它自己大还不很足异，更奇怪的是它却有一个极小的白色伴星，好似极小的青蝇伴着雄伟的巨象在森林中间走。这真是宇宙的最自然的幽默。

红色星虽然多数是巨星，但很奇异的是现在所已知的体积极小的星也以红色的为多。鲸鱼座中就有一颗不很大的红星，即鲸鱼座 ω，距离为十光年许，光等为逼近三等之四等，体积较小于太阳，实际光辉更只为太阳的三分之一。

中国古代称鲸鱼的头为天囷，称鲸鱼的尾为天仓，尾圈中的鲸鱼座 α 的特名为土司空。这些名称似都不能引起人的兴趣，民间则似乎对于这微弱的群星未加注意。西洋倒有一个俗称，唤之为安乐椅，这也朴素得可爱。

鲸鱼的原型是海兽，神话中因为被海神派去吞食被锁住的仙女而被英仙治死。但鲸鱼别有海狗之名，那就完全属于另一个故事了。英国的名称就是鲸鱼，日本也译为鲸，中国的旧译是海兽，似乎是直取神话中的原意。

---

① David Fabricius（一五六四年至一六一七年），今译戴维·法布里修斯，德国业余天文学家。一五九六年，他观测到一颗恒星的亮度呈周期性变化，这是人们所发现的第一颗变星。后来，拜尔将这颗恒星命名为鲸鱼座奥密克戎。

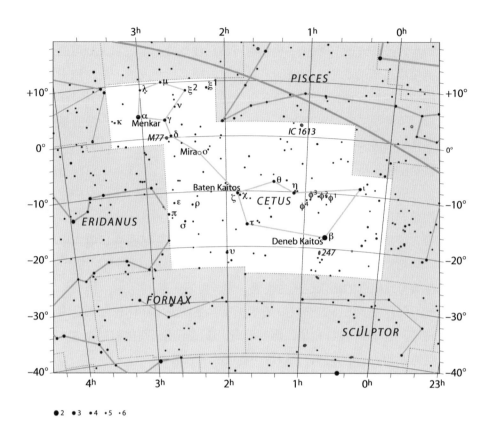

鲸鱼座星图

二十九　仙女

　　飞马座 α 与仙女座 α 连成的直线向东北延长，刚好通过仙女中三颗主要的星 α、β、γ，其次序也正合适。中国民间是把这四颗星认作一直线而象为秤的。这秤是东斗。当南斗中天时，西面天秤未落，东面的秤已上升，北斗低垂西北，我们可以完全看见四斗。这景象凡在夏月的黄昏都可见到，自然这是因为夏夜的乡村间，农民都在户外，特别容易和星气接触，于是一一加以渲染。他们是真懂得爱好自然的。

仙女座

把 α、β、γ 三星拟为玉立的美人，自然比中国民间的朴素比拟更富于美感。然而仙女的故事未免太凄恻了，钉在石壁上的两只手臂真使人不敢对星而想象。

把仙女三星与飞马的大四方形联合，也可成一个斗形。凭我们的想象，大角、心宿二、织女、牛郎四颗一等星也差不多是一个四方形。如以北落、水委一（或天津四、五车二）作柄，也可形成一极明极大的斗形，但未免大到不能一眼全收。飞马仙女所构成的斗形，大概刚达可以一目了然的限度，论面积，长阔均约有北斗的三倍，比北极南斗，则达六倍。三个斗刚成套式。就形式说，该座与北极座极像。如这大斗的柄端再加上英仙座 α，简直可说是北极座的放大版。这七颗星都是二等星，各星间的距离均约为十五度。仙女座 α 表零时，β 表一时，γ 表三时，又都是很好的标志。中国特以仙女座 β 为奎宿的主星，当然是有见及此。民间故事中的魁星，有时也写作奎，或者还见及这一斗形，乃与北斗通用呢。

赤经一时上的仙女座 β 向北斜向零时，约经过二十度达仙后座 β。这一线也很重要，因为可以经过著名的仙女座大星云（即仙女星系）。这是个光等很高的整齐的椭圆形星云，距离我们约九十万光年，所以是个银河以外的宇宙，而构造很同于银河。我们所想象的银河系统多少是借鉴这大星云的。这大星云旁边，曾于一八八五年九月出现一颗小新星。

仙女座 γ 是一颗双星，是最美丽的双星之一。大的一颗是黄色，小的一颗则是蓝碧色，自来每称之为黄宝石与绿宝石。用望远镜看，可发现绿色的本身又是双星，二者相距零点四九角秒，同绕公共重心旋转，五十五年而一周。这双星到我们的距离约为四百光年，其实际光辉一定是很大的。

仙女座 γ 附近又为一流星群的放射点，这流星群名为卑拉（今译比拉），因为据推测是和卑拉彗星（今译比拉彗星）有关的。当卑拉彗星在一八三二年为奥地利的天文学家发现的时候，被推算出其将与地球碰撞，曾引起一般人的惊慌。结果并未发生事变，但这并非推算未准，大概是彗星碰上地球只如以卵击石，地球未受损伤，而彗星自己毁了。卑拉彗星在一八四五年再现的时候，已分裂为两。此后该彗星再不能为肉眼所见，大概愈分愈碎，其碎片的一部分也许曾射落到地球上来。

仙女座 γ 的专名是阿抹，为阿拉伯人所题。中国对仙女座 γ 也颇注意，会合那些在近的星及下面一座不重要的三角座的一部分星，命为天大将军，仙女座 γ 为天大将军一。卑拉彗雨在几种旧籍里就被翻译为天大将军流星雨。

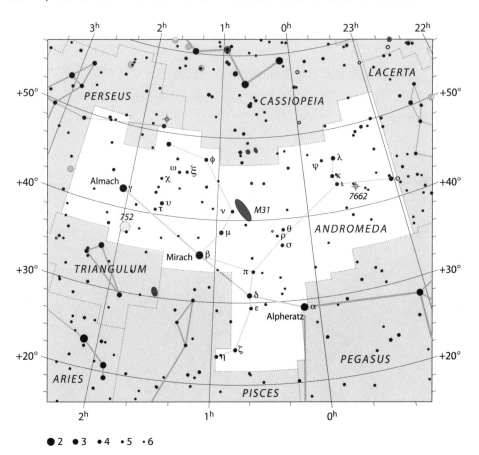

仙女座星图

三十　英仙

　　最初给这两星座题名的人也许还未料得着吧，仙女与英仙这一对配偶竟是这样地适称。仙女座有美丽的星云，英仙座也有；仙女座有周期性的流星雨，英仙座也有；仙女座有双星，英仙座也有。不过英仙到底是英雄夫婿，其更有著名的变星，曾出现过新星。单单一个英仙座，几可以说是全天的一个标本，其趣味的丰富自可想见。

英仙座

由仙女座迹寻英仙座，只要把连接仙女座 α、β、γ 的直线继续延长，就可找到英仙座最明的星英仙座 α。另一办法是由天鹅座沿银河经仙王座、仙后座，把仙后座 γ、δ 连一直线向东南延长，则经英仙座 η、γ 而亦达英仙座 α。这英仙座 η、γ、α 所形成的一线，仍可作曲势延长而达昴宿星团（即昴星团）。这八颗星形成的一条曲线异常美丽，这一排星虽然并不十分明亮，但在月黑气清之夜连银河也皎然可见的时候，衬得这一排半横在银河里的星索异常晶莹。人世间最精巧的工匠也没有想出过这样瑰丽的妆饰，使我们难举出什么与作比拟。这曲线便是著名的英仙弧。英仙弧西，以英仙座 γ 为起点，则向南又可形成一直线，主要的星是英仙座 ι、κ、β，其中 β 星就是英仙座中那颗著名的变星。这一直线全部沿赤经三时进行，所以也是天空中很好的标志。中国把这直线与弧的上部（α 星以上）称作大陵，弧的下半称作卷舌。

旧星图把英仙绘成高举着遏波剑、提着魅都萨（今译美杜莎）的头的样子。从刀尖到右足趾是英仙弧，直线的一部分是垂直的左臂，变星是魅头，另有一些微星示作左足。这星象在东北初升的时候是直立的，以后就逐渐横斜，到中天就正如由天顶倒悬下去，因为英仙南边的赤纬正和我们的纬度相当。由天顶到英仙座 β 为十度，到英仙座 α 又有十度，英仙座 α 距极四十度。但英仙的最北部是要逼近北纬六十度的。

在英仙的刀柄上有一个银河星团，目力足以辨出它呈马蹄形；其近旁又有一个较小的星团，则须用望远镜才可以看出其中的星形成两个三角形。因为这两星团把银河点出深明的一涡，所以常为人称道。这种银河星团都是在银河之内的，可以说是与昴宿星团同类，最远也只到银河的边界，看星者用望远镜都可分辨为个别之星。不过银河内也有不可分析的星云，或者是一星为核，四面气体包环，或者全是气体。全气体的叫瓦斯星云（即气体星云）。英仙也有一个，在仙后、仙女、英仙三座接界处，须用望远镜才能见。

英仙的变星要比其中的星团更被人注意。它不是到近代才被注意，而是在远古就被注意了。它的专名是怪首，这自然和希腊神话中的魅都萨之首有关，但这名字由阿拉伯人所题，阿拉伯人又称它为闪光的妖魔，则这名字当是就其变光而题的。这星的变光范围不大，最高为二等，最低为四等，周期不长，为二日二十一时。它们的变光期与短周期变星相反，明亮时长，而暗淡时短。因

古希腊陶罐（珀尔修斯砍下了美杜莎的头颅）

为这现象极似日食，人们遂设想其似为一暗星所食，结果这设想被证实，遂有食变星之名，而英仙座 α 成其代表。食变自然必是双星，但英仙的双星不止这一个。

七月十九日至八月十七日间，有英仙座流星雨在这座间出现。因为八月十日是圣罗兰士（今译圣劳伦兹）的殉教日，西方称它为圣罗兰士之泪。与这流星雨有关的彗星是 1862 Ⅲ 彗星（一八六二年发现的第三颗彗星）。

一九〇一年，英仙内曾出现新星。二十世纪以来，对新星本是特加注意的，但这颗新星的发现者竟是平常的观星人。这位是爱丁堡的医生安徒生，他有一个时时出去看天色是否清明的习惯。一九〇一年的二月二十一日，中夜以后，天才放晴，安徒生出去用星图和天空比较。看到三点钟，人已倦了，躺下休息，忽然看见英仙座中有一颗星图上没有的明星。他猜着是颗新星，第二天去爱丁堡天文台询问天上是否有什么珍象。在台中人回答以没有之后，他就安稳地成

英仙座流星雨

为发现者了。

　　他发现的时候，这新星还只和北极星等亮，一天半后忽超过五车二而成为北天最明的星，不久就逐渐减退，六月中到目力所及限度以下，到一九〇三年七月末乃降至非最大望远镜不能辨认。现在那颗星还存在着[①]。向来对于新星，人们常以为是一颗星毁灭的现象，现在却须有新的解释。有的以为暗星经过星云摩擦发光，有的以为是极长周期的变星的极端现象。也许两者全是对的，也许还要寻别的理由。

　　英仙和前面的仙王、仙后、仙女被统称为王族星座。王是岳父，后是岳母（先前就有译作岳母的），女是公主（亦曾译作公主），英仙是驸马（亦译作驸马，

---

①　英仙座 GK（GK Persei）也被称为一九〇一年英仙座新星。这颗新星于一九〇一年爆发，爆发后最亮视星等为零点二等，这是二十世纪发现的第一颗新星。现在它应该很暗淡了，但其遗迹还在。

又译作大将）。西洋这四星座都用人名，旧译或者也未可厚非。译作英仙，倒很会使人疑为武仙的别译。

这王族中无疑以英仙为主角，他的名字是颇秀斯（Perseus，今译珀尔修斯）。为雅典娜去杀了魅都萨，是他最著名的英雄事迹。完成这功绩后，他在回家的路上才遇到美人安陀美旦（Andromeda，今译安德洛墨达）。那时安陀美旦正被缚在岩石上，等巨鲸来叼去，以赎她母亲夸她美过海后之罪。颇秀斯惊于她的艳丽，杀了巨鲸而救了她，把她像路上的金子样地捡归自己。所以，那仙王仙后得为岳父岳母完全是意外，而由这意外更意外而就成为永恒的星座，真是非常幸运了。

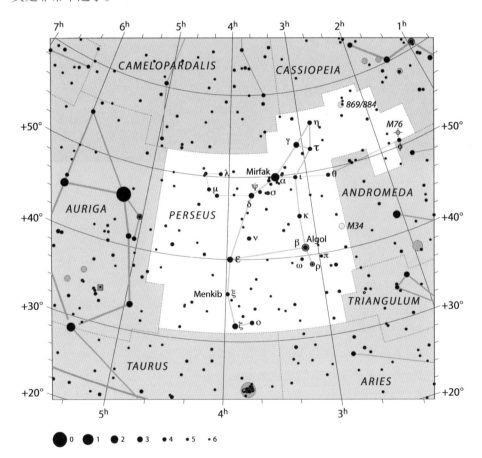

英仙座星图

三十一　白羊

如果不为了黄道，或虽为黄道而不为了以前的春分点，白羊这星座不会成立吧。四周的星座，如飞马、仙后、英仙、鲸鱼、波江都异常庞大，如要瓜分一个白羊是很容易的，但它早在两千年前就成立了。

那时还是畜牧时代，天上的群星被拟为平野的羊群，把黄道的第一宫唤作羊中之羊，正是以示崇敬。他们把它点缀得很为美丽，全身长着金色的羊毛，辉煌得连它自己也非常爱惜，旧图就画着它时时回头看身上的金毛。

神话上的金毛羊是驮渡密诺哀（今译彼俄提亚）的王子弗列克塞斯（今译佛里克索斯）过黑海、开拓高加索的那只公羊。弗列克塞斯是密诺哀王阿柴玛斯（今译阿塔玛斯）的儿子，他和他的弟弟海尔（今译赫勒）都因后母的谗害被送往作祭神的牺牲，刚要被杀的时候，一只金毛羊跑来把他们驮去。在中途，海尔坠下大海，弗列克塞斯则被驮至科尔怯斯（今译科尔基），后来做了国王。

十八世纪画作中的金羊毛故事

白羊座

　　金毛羊被祭献了神，羊皮被钉在一棵桦树上。弗列克塞斯死后，魂魄就附在金羊毛上。因为魂魄常思故乡，就托梦给密诺哀的英雄，要求他们把金羊毛和他的魂魄一齐带回去。好多年后，终于有了耶松（今译伊阿宋）约会了众家英雄，造了亚哥（今译阿尔戈）船把金羊毛找回去。亚哥船也是一个星座，其辉煌伟大，不是这白羊所可比拟的。

　　白羊的头非常接近双鱼的西鱼，头上的 α、β、γ 三颗星是白羊座最亮的星了。α 星很近赤经二时（这和仙女座 γ 在同一直线上），所以颇为航海人所重视，不过它也只是很暗的二等星。

　　白羊的西边接昴宿星团，就是由头到尾也横亘二十度，其间的星原不少，但渺小极了。本来，自过了织女、牵牛，赤经二十时以东，毕宿五之前，赤经四时以西，这赤经八时以内除了北落、水委一与天津四以外，没有第四颗一等星。就赤道南北的九十度内说，更只剩北落一颗。这范围内，连二等星也稀少。可是这一部分的天空正是属于秋季的，这未免使负盛名的秋星逊色。幸好，日暮以后，西天见的是织女、牵牛一带；黎明以前，东天又见到参宿、天狼一带。这倒反使中夜的冷落成为巧妙的安排。

现在，就北天说，这冷落的境界已告终止。在南天，我们还得看几个小星座。后说南天，也不是全无理由。在赤纬北四十五度、赤经三时上的星下午八时就在东北升起，而这时在赤纬南四十五度、赤经二十二时的星才刚刚打南方升起，两者间差五时经。到赤纬南北三十度，就只差三时经。如果现在你见到白羊东升，南天凤凰也才刚上呢。

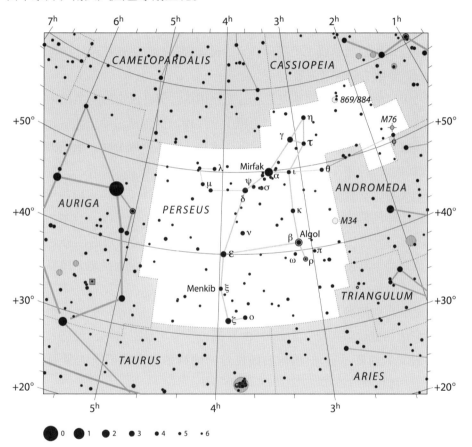

白羊座星图

三十二　凤凰

　　一群王族星座的故事，似乎有些把我们讲星的顺序弄乱了。单讲看星的先后，也还没有什么不便，至于在同一时经内有些什么星座，则一定很不清楚。现在我们趁讲赤经零时上所能见的最南的星座凤凰时，把上面说过的星座重新整理一下。凤凰西起赤经二十三时许，西迄赤经二时许，这里所述的也就以在自东十三时至西二时中者为限。

　　由北极向南计数，极星本身是在这范围内的，但并没有在这范围内占多少领土。极星紧南，就属于仙王，到距极十三度南，这范围由仙王仙后分领。到距极三十度南，几全属仙后。到距极四十度南，则几全属仙女。至距极六十度（约为我们的天顶）南，飞马的西疆、仙女南疆与双鱼东北角略呈三分局面。再南十度，飞马、双鱼东西对峙。至距极八十度，双鱼统一以迄距极九十度（赤道），赤道南十度内鲸鱼所占为大，双鱼、水夫（即水瓶）各分一席。自赤道南十度至南二十五度，水夫占西部的四分之一，鲸鱼占东边的四分之三。南二十五度以南十五度，大致全属玉夫。南四十度以南，全入凤凰。凤凰南边正等我们所见的地平线，其南的杜鹃座概不可见。

　　凤凰最北有两颗二等星 α、γ，纬度大致与天蝎座 η、θ 二星相平，所以在我们的纬度清晰可见。凤凰座 β 在两星下与之呈三角形，因已入南五十度南，就不大清晰。这 β 星与前面说过的仙鹤殆同为我们所能见的南天的界限。

　　在我们的纬度，看赤纬南四十度的星由东升到西落，只有七小时，看南五十度的只有四小时，而实在只有在中天的一刻是最清楚的。凤凰座 β 的赤经逼近一时，就是在中天时可与仙女座 β 成一直线。我们凡见到仙女中天，都不要忘记南天的凤凰。

　　中国从前记星，虽然直记到赤纬南六十度的南门，对凤凰却似未记及。《经天该》记为火鸟，显然是凤凰一名的别译。因为据西洋传说，Phoenix 是一种异鸟，每五百年，集香木成堆，发火自己焚死，在灰烬之中重生，则翻译为火

Phoenix

Co

鸟似乎比翻译为凤凰还明了些。这故事就是《女神》中凤凰涅槃一诗所歌的故事，我想大家是相当熟悉的。

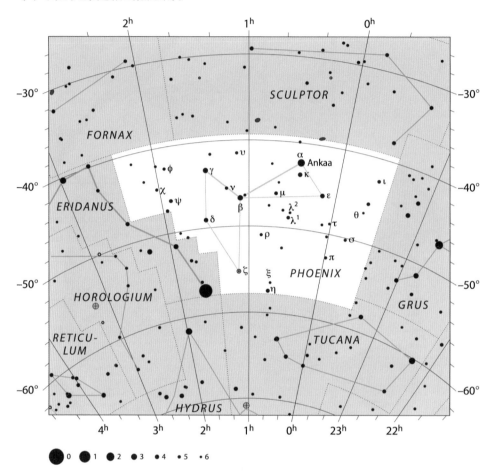

凤凰座星图

三十三　玉夫

凤凰之上、鲸鱼之下的玉夫，中间连三等星也没有，当然很难辨认，所能说的只是它是北落之东的一片空虚，比北落西的鱼身范围尤大而尤暗淡。

正因为它暗淡极了，我们可以把它作为暗淡的中心。我们并不为好玩而这样说，科学正给我们以充分的证据，因为银河的南极就在这星座里。依我们在后发所采用的银河北极度数，银河南极应在赤经十度、赤纬南二十八度，最近极的星是玉夫座 υ。这地位大概只有由指极三星向南画直线，由北落向东画横线，而在两线结合的直角上找出。

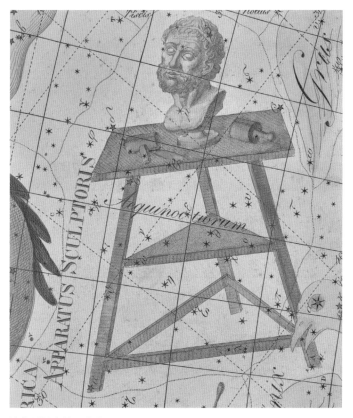

波德星图中的玉夫座

在银河南极中天的时候，我们所能得的银河概念当然没有在银河北极中天时所能得的完整。银河北极中天时我们所得仅是概念，而并不见银河的迹象；银河南极中天时，我们却可以捕捉住横空的银河。

中天的是赤经零时，北面的银河通过仙后，银河圈在仙后座 β 北三度，大略正中分银河。西面地平线上，赤道上的赤经是十八时，但银河是在赤经十九时上与赤道交叉，因之是赤经十八时许上没于西南。东面地平线上，赤道上的赤经是六时，银河没于赤道北十余度。这时银河南极到银河圈的距离，各方面都是九十度。中天距仙后九十度是很明了的。西面似乎比九十度近，而东面似乎比九十度远，其中有一部分是实际的情形，另一部分则缘于我们视觉上的未惯。

这时我们且注意银河南北。在西面，隔天鹰、天鹅，银河南山羊、水夫（即水瓶）的密密微星正和银河北武仙的密密微星相衬；在东面，隔英仙、御夫，银河南鲸鱼、双鱼的暗淡则衬映着银河北山猫、鹿豹更深的暗黑。这些星座的银纬都大致相等，据推算星数的分配也是大致相等的。明暗之分，则是远近的关系。

银纬的高低与所含星数的多寡成反比例。银纬愈高，星数愈少。美国天文学家就天空择取二百标本区域计算所得之结果有如下表。

各等星	银纬零度	银纬三十度	银纬六十度	银纬九十度	银河集中比
零至五	零点零四五	零点零二一	零点零一五	零点零一三	三点四
零至十一	二十点八	九点一	五点五	四点三	四点八
零至二十一	七十三点六零零	八点六九零	二点六九零	一点六七零	四十四点零

如上所述，我们就银河南极画一半径为三十度的圆圈，其间星的寥落乃是当然的。就银河的南北两极作比较，银河南极的这种现象尤为明显。

银河北极左近为星云密集之处，银河南极则没有这种现象。南天的星云最多处，是在尾宿及南门一带。本来星云是在银河以外的远空的，其分配自然不能使银河内的人看来整齐。正因为不整齐，才能由银河南极更清楚地看出银河集中的趋势来。

玉夫之东是天炉，南北东西都和玉夫差不多大，也都只有暗淡的星，因为没有什么特别值得说的，且就搁开。这星座的南、东、北三边都被包围在波江内，更连地位也无须辨别了。

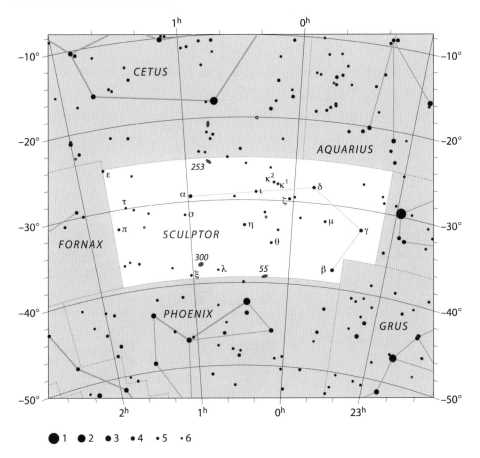

玉夫座星图

三十四　波江

　　若是把每一时经上的星座都由北极到南极历数一下，则时经四时上的要算最容易数了。距极三十度以内是一片空蒙的鹿豹，自距极三十度至六十度都属英仙，自距极六十度至赤道属金牛。赤道以南，一道波江直达南纬六十度，并且六十度以上的水蛇被视为波江的延长还无不可。

　　如果不分别纵横，波江还不是最长的星座，而单就南北向的星座说，则它的确最长。就是与东西向的最长星座比较，若不仅比长而兼比宽广，也就仍得让它居上。

波江座

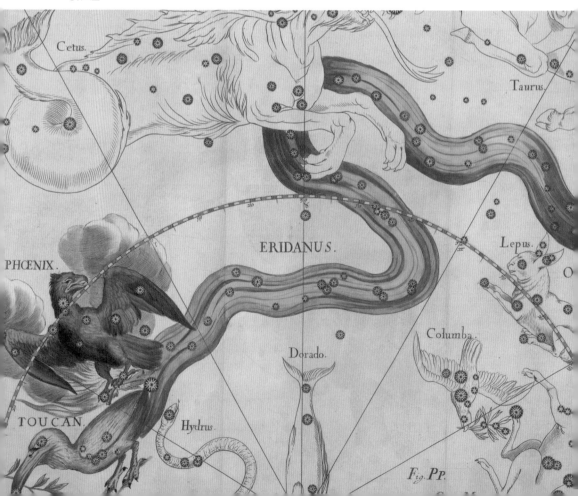

这庞大的星座包含三百颗以上肉眼可见的星（即半个天球上所可见之星的十分之一），然而除了波江座 α 以外，其余星的光等都在三等以下。波江座 α 则是最明亮的一等星，因为它的视眼光等是零点六等，比它亮的南河三是零点五等。正确地说，南河三还是零等，而波江座 α 才是一等。

波江座 α 的专名是 Achernar，意思是河之端（或尾），中国有水委一之称。水委当系译西名之意，不过已不单指一星而用以包括左近诸星，独立一座。现在，星座的分法已完全依西洋而译为波江，水委这名字如还沿用，似应仍还给波江座 α 作为专名。

水委之义，自然是确认原文为河之尾闾之意而译的。这样，当然认为这河的起源是赤道。不过，也有人说这河是天上的尼罗河，则如地上的尼罗河一样，也该是自南而北。就看星者迹寻的便利说，如果我们能看到波江座 α，就以由南寻起为便当。

水委一的赤纬为南五十七度三十四分十七秒，我们和它是有"幸见"的机会的。昏中的时候，在一月份，那时的天气恐怕不能给我们便利。九月初，则它在晨三时中天，还不算不容易等待。无论见到与否，这时正南地平线上的星总是属于波江，南五十度的波江座 φ、χ 一定可以看见。由波江座 φ、χ 偏向东北，至近南四十度处，越赤经三时达波江座 θ，这是原来被称为水委、以后让掉荣名的一颗星。继续东北趋，越赤经四时至波江座 ι 而转趋西北，重回越赤经四时而经波江座 τ6、τ5、τ4、τ3、τ2 所形成的一线，τ3 星又已在赤经三时了。τ3、τ2、π、η 星在赤经三时东形成一半圆形，η 星在赤纬南十度以北，与迤东的 ζ、ε、δ 星成一直线。由 δ 星分成两支，一支在北曲折以达参宿七，一支折向东南而抵天兔南边。这两支可以说是河口的分流，也可以说是两道源头，全看哪一种看法而定。单就星图想象，南部窄狭而北部宽阔，是以北部为河口较自然。

正如波江的译名所示，希腊人以为这是波河（现位于意大利境内）。日神阿波罗的儿子飞腾（Phaeton，今译法厄同）因受人轻蔑，要求他的父亲把日轮车（即太阳车）给他驾驶一日，以证明他确是神之爱子。阿波罗不得已允许他，而嘱他一路当心。但飞腾喜极狂驰，逸出黄道，在天蝎宫驰近蝎尾，为毒尾所螫，马益狂纵，渐降地面，而土地遂为火轮所焦灼。宙斯遂命锻神把他击落于波河。飞腾死后，他的妹妹海略底斯（今译赫利阿得斯）为之涕泣不已，遂化为琥珀树，至今犹流泪成川。

水委一为光辉最大的 B 型星，距离为六十五光年，而实际光辉为太阳的二百倍。在 B 型的一等星内，它为最近，所以光辉远逊参宿七等，但比之它的近邻 A 型的北落，超越很多了。

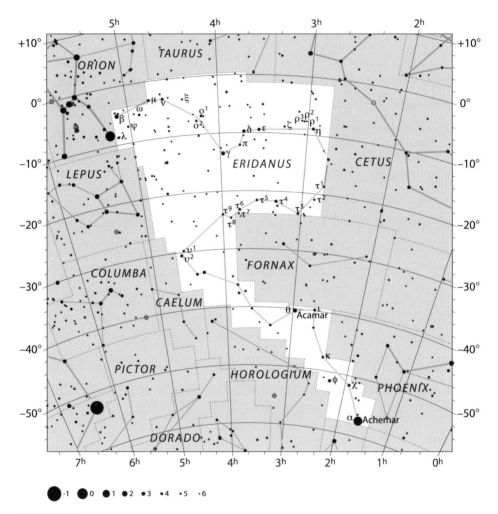

波江座星图

北落、水委一及老人，在南半球看来是等距地连成一线，其雄壮是北半球的人所难想见的。在中国，老人、南门等名很早已题命，水委一独被忽略，大略是因为那时极在帝星，水委一比较靠南的缘故。本来中国人对于这串长星没有想象为河流，当然不会追迹其源。在中国星名里，波江的上源是九州殊口，而由 δ 星到 τ6 星则是天园，这样把一个大星座分成几个较小的，似比较便利。

和波江之东一样，波江之西的雕具及时计（即时钟）两星座也和天炉同样暗淡，都无须细述。我们且由波江北上而述金牛。

三十五　昴毕

　　我应该说明为什么把赤经四时上中段的金牛留在最后说。我想，赤经四时很可以算是天空的光明带与黑暗带的分界线，金牛虽然一部在四时前，却应该属于光明带，而四时前的昴宿星团可以说是光明带的前驱。

　　前面已说过，英仙的南端可以引至昴宿星团，自然这很容易认识。它也被包括在金牛之内，可是这领土颇大的金牛可怜得很，西北角上的昴宿星团俨然独立，名声比它的宗主国还大；东北角的一颗皎亮的二等星被御夫占去作为五角之一；中心的主星虽然不愧皎皎，但终淹没于毕宿星团的盛名之下。它的领

金牛座

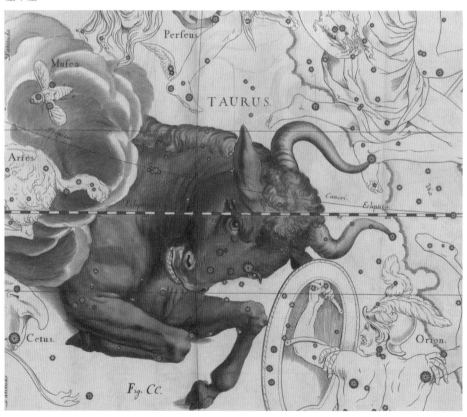

土既然如此分崩，这里也就分别叙说。

昴宿在座中是先升起的，在九月一日，约晚十一时现于东方，中天的时刻为次晨五时，所以它们是十一月中旬中夜中天的星。照算其五月是和太阳同时中天的，因此之故，它们有春之室女之名，虽然吐露光芒的季节是冬天。

不管它们应不应带着春的名字，它们被视为室女是自来已然的。她们是阿塔拉斯的七个女儿，所以称为七姊妹。七的数目的由来，是相当好的目力可以看见这星团是由七颗星或六颗星构成的。七姊妹的名字是迈亚、伊莱克特拉、塞拉伊诺、泰莱塔、梅罗佩、亚克安娜、斯泰罗佩。因为平常的目力都只能看到六颗，所以有失去一个姊妹的神话。大致都说失去的是梅罗佩，因为她跟了一个凡人逃走；也有的说她并未逃走，只不过因为爱了凡人，所以羞得用面纱把脸遮起。可是神话终究是神话，被称为梅罗佩的这颗星并不是最暗的。第七颗暗的星也并不是七姊妹之一，而是她们的母亲勃里恩（Pleione，这是昴宿星团一名原文的由来，今译普勒俄涅）。所以就看到七颗，也并不是看见七姊妹的全体。

实在呢，这星团中包括的星数很多，伽利略草创的望远镜就能看见四十几颗，近代的大天文望远镜能测看到几百颗。用照相及析景，还可以发现更多。

单就肉眼所见的星而讲，各颗星间的距离已不似一眼看见时那样密近。昴宿为白道所经，月亮走至这里面时，从不能同时掩蔽住两颗星，倒是一颗星也掩蔽不起时尽有。古人察见这现象之后，自然要惊奇其伟大。印度人对于这惊奇的解说很有趣味：七姊妹中的迈亚是佛陀的母亲，她是宇宙的织造者。这是把宇宙的结构拟为蛛网，而昴宿则在网的中心，但和蛛网不同的是众星绕中心而转，太阳也就是在绕着转的众星之一。这观念在今日看来虽无大价值，然在很古的时代就产生，也是很可惊的。

在星团发现的数目已以千计的今日，昴宿星团除离我们较近外，已无他特异，但在最初研究星团的时候，昴宿星团实极有助于我们对星团的了解。而移动星群的发现，也可说因有昴宿星团才成为可能。

昴宿星团本身是一个移动星团，星团内的星全以同一速度向同一方向进行。因为这系统的现象使人想到别的星也在系统运动之下的可能，而移动星群遂陆续发现。前面我们已略讲过北斗移动星群了。本篇里除昴宿星团外，毕宿星团也是个移动星群。

阿拉托斯《物象》中的昴宿星团

要寻出毕宿星团来，自然我们还是依赖金牛座 α（中名毕宿五），它的专名是从者，是阿拉伯人给它起的，表示它是随昴宿星团而上升的，约在昴宿星团既升之后一小时。它的光等是一点一等，与河鼓二同称标准一等星，但比河鼓二暗。这应算是件悲哀的事，在二十颗一等星里，没有一颗刚好是一点零等，我们只有从两者的比较中想象出来。不过金牛座 α 是淡红色的，我们看来特见娇艳，与白色的牵牛也比较不出什么结果来。

我不知道这偏见应不应该说出。我实在不欢喜这淡红，最好是蓝白色，尤其是像织女那样柔和的，否则红得和大火一样也好。淡红是连黄也不及的。不过这真许是偏见，有一位写星的故事的人特别提出这从者是她最可爱的朋友，我也不想竭力反对她和信从她的意见者。五千年前，金牛座 α 有特殊的地位，波斯人因为它在春分点上，将它列为四守之一，或称为王星。这实在是偶然的

太空望远镜拍摄的昂宿星团

机会，因为它太接近参宿了，很容易被压得抬不起头来。

　　金牛座 α 的距离为五十七光年，不算很远，实际光辉为太阳的九十倍，在 K 型星中尚算强烈。它的行动是离我们而去，速度很大，秒速为五十四公里，与毕宿星团的运动不一致。

　　毕宿星团的主体密集于金牛座 α 东面的 V 字形上，为一种有机的结构，约同在距离一百三十光年处，虽和金牛座 α 的动向不同，却也同是离我们而去的。据说在过去的八十万年中，它们已走远了六十五光年，而六千五百万年后将都变成九等以下的星。不知道这种推算是将为六千五百万年后的人类所笑，抑或是将为他们所惊奇呢？

　　神话上说毕宿星团是七姊妹的一些异母姊妹，称为 Hyades（今译许阿得斯），是些水仙。所以毕是雨星，在文学上是常被提到的。玛尼留斯（今译马

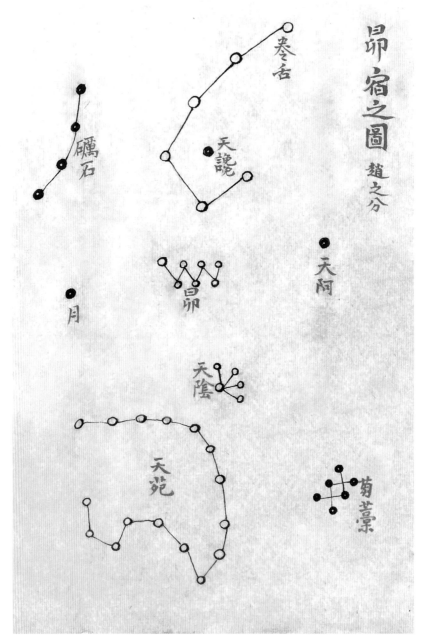

昴宿之图

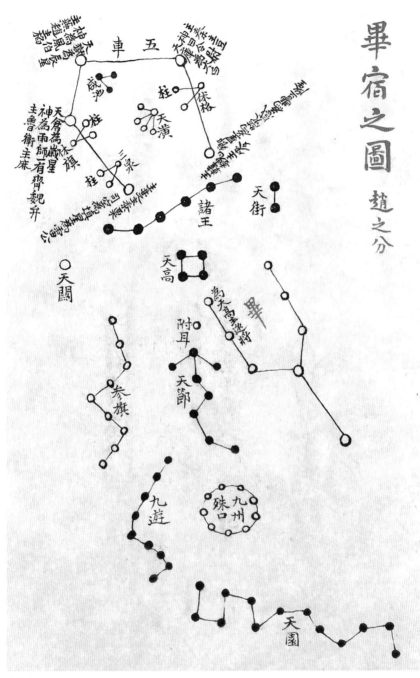

毕宿之图

尔库斯·马尼利乌斯）称为悲泣的伴侣，斯宝塞（今译埃德蒙·斯潘塞）称为潮雾的女儿，琼孙（今译本·琼孙）博士称为雨水星座，直到近代文人仍常称用。然此说尚非起于希腊，远在巴比伦就早有此天牛能降雨之说。中国古诗内也有"月入于毕则滂沱"的说法，昴风毕雨犹为近代人所习知。

金牛在旧图上并不是一头金牛，昴宿是牛背，毕宿是牛面（所以一称牛面星团），远接御夫的金牛座 β 是左角，其下的金牛座 ζ 是右角，姿势如一个斗牛，垂头直角向前猛冲，照方向似乎是冲向猎户，而猎户的姿势也是攻击这猛牛。但最普通的说法都讲这金牛是宙斯幻化了去驮欧罗巴的。

在神话中，宙斯所变的是纯白色的牛，但现在译为金牛，反之被译为白羊的在神话中却是金羊，在作故事讲时多少有点不便。

中国的昴毕二宿不能包括全个金牛，座中小星有月、天街、附耳、诸王、天高、天阙似都无关重要，以昴毕作代表似乎够了。

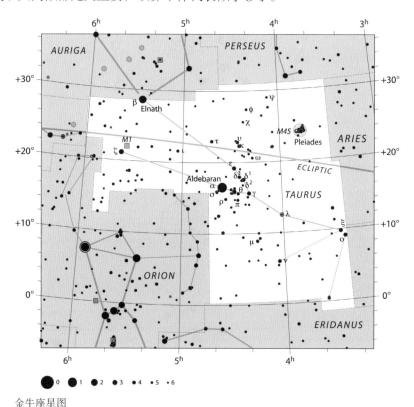

金牛座星图

三十六　五车

也许因为我初看星的时候天天看见五车在晓前由东方升起，也许因为 Auriga 和 Aurora 的前三个字母相同而产生联想，也许因为将它和童年记忆上的启明星相混，也许有别的不自觉的原因，我总仿佛觉得五车是黎明的星，是东方的星。虽然也曾在五月间特别注意过它西落的线路，但五车西落时的样子永远不存在我的记忆中。

在九月一日，五车是要在夜晚十一时才自东北出现而到破晓也不能中天的。现在自五车起，其余星座都是只能就其在东半天显露半面的时候就加观察的，而我们无从待其中天了。我以为五车是黎明东方星的错觉会不会也传染给他人呢？在我个人虽不觉这错觉给我以什么损害，但最好总是没有。

不过，五车一年间在东方的时间实在太长了，而且都是在人可以有机会见它东升的时季。从六月初起，天气逐渐热躁，爱早起的人已喜欢天明之前起来。这时季在昨晚间十时才落尽的五车，经过地平线下七小时（约数）的行程，晨五时已又在东方出现了。虽然这月中太阳正与它同时经，但也不能妨碍它的出现。七月，它在三时东升；八月，一时东升。这时是炎热的夏天，乘凉的人坐到它升起时更是平常。照推下去，到十二月，天冷了，但它一天昏就在东方。你在晚餐之前，也许工作完后回家的路上很可以瞥到它一眼。一月，二月，三月，暮时它逐渐高了，但就三月还离中天约二十度，仍使你觉得它在东北。这样，一年间，它只有两个月不给你在东天的印象，则我们觉得它老是在东方也是很有可能的。

赤纬比五车低的星，没有像它一样久的留空时间；和它相同及更高的星，大多不及它触目。唯一与它的纬度、光等都相似的是天津，时季却正和它相反，仍不及它幸运。不过也总是只要人想看它，每夜就总能有一个时期把它寻见。

就奥利加原名（即 Auriga）而译成的五车的名字是御夫，以前在《候星纪要》中译作御车。这座名和五车实颇巧合，而且主要的五星也完全符合，新加译名似还不如沿用旧名为妙。

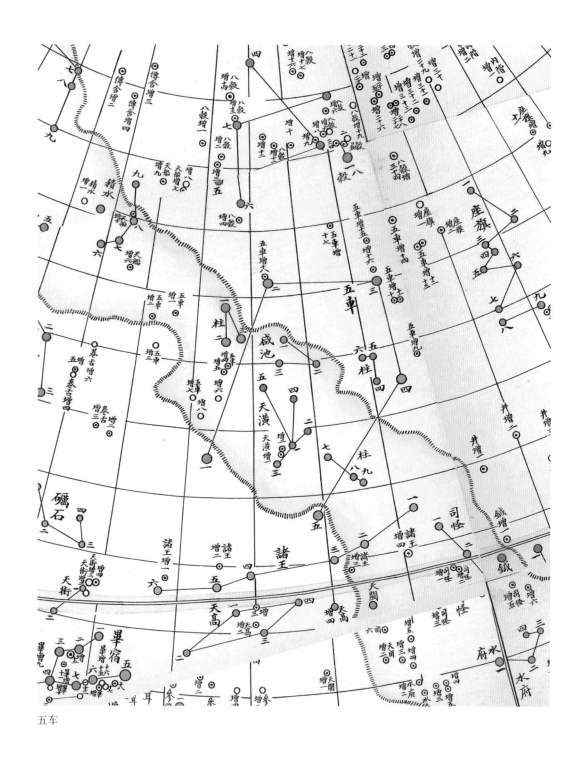

五车

古罗马铜币上的御夫座形象

五车是很易寻的。如果等到参宿上来，它恰居参宿与北极的中间。早一点呢，可由昴宿毕宿寻出与它构成锐角的五车二（御夫座 α）。这是那里唯一的大星，自不会错，但如想证明这确实是五车二也很容易，因为五车二的右上有三颗星构成小小的 V 字形。这是五车二的羔羊，因为五车二的西名本是母羊。

无论说这天上的御夫是阿波罗之子飞腾（今译法厄同）或是发明四轮车的锻神之子爱莱极斯[①]，旧图上绘的御夫只是个滑稽人物。他的左肩上负着母羊，左手上抱着羔子，蹲在牛角之上，除开头颅，浑身曲成五边，真使人发笑。这无须记着而单注意那五边形好了。

东升后约一小时，五车二与金牛座 β 差不多横成一线，御夫座 ι 在其上与之形成一三角形，其下向极一边由御夫座 α 到 β 几为直边，另一边由金牛座 β 到御夫座 θ，则斜度甚大。

五车二为北天球三大明星之一。织女第一不成问题，而它和大角谁为第二，颇可争论。天文学家告诉我们它的光等是零点二一等，大角的光等为零点二四等。你用眼睛去看，试试能看出这微小的差异不能。

恐怕，首先就捉不住两星的颜色。大角是红是黄的疑问前面提出过了，对于五车二，不仅可以提出同样的问题，而且可以问你："会看见它是白的吗？""是蓝的吗？"多禄某（今译托勒密）说过它是红的，我看它竟是蓝的，你呢？不要以为天文学家会给你解决这个问题，他们的意见也尽不同。

---

① 根据希腊传说，应该是埃里克托尼奥斯（Erichthonius）。

御夫座

　　五车二是一双星，它的距离已算得很准，计为五十二光年。这两颗伴星中大的一个的光辉为太阳的一百零五倍，小的一个为太阳的八十倍，以一百零四日的周期绕公共的重心旋转。大星的直径为太阳的十一倍，即体积当为太阳的一千三百倍，但其重量只有太阳的四点二倍。小星的直径为大星的一半，重量为其五分之四。两颗都是红巨星。

　　以五车二和太阳比较是很适当的，因为两者同被称为黄色 K 型星的典型。就上述的实际看，它是个大型的太阳，而就视眼看，则是个小小的太阳。或许

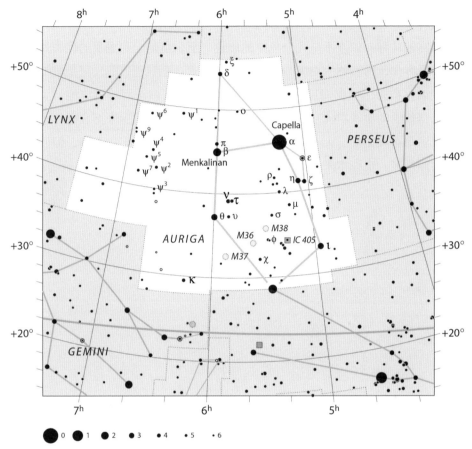

御夫座星图

它的光色变动的原因也是和太阳相同的。

　　五车三（御夫座 β）也是双星，距离为一百光年，约以四日的周期旋转。在旋转时，两伴星生互食现象，因此光等暂减。两星的大小及光等都大致相等，略大于太阳，实际光辉则为太阳的五十倍。它们是和天狼同组织的星，也就是与北斗中间的五星相同。这相同且不仅是类似，而是实同在一机构之下，它们也是北斗移动星群的一分子。

　　五车昔日颇为水手所畏，因为它的升起是报告地中海的风暴要来。这与毕宿为雨星、猎户为航海上的恶宿都是很有关联的。

在五车的五边形的中间，中国有咸池、天潢等星，五车东边则是积水。就这些名称看，也都与雨水有关。咸池之名，在古代并非指位于五车内的小星，而是西宫的总称。如果不是几个星座的总称，至少也是一颗主要的代表星的名字。较后时代，西宫称为白虎，与东宫苍龙相对，是很明白的。可是咸池当非白虎，因参宿为白虎也同见于《天官书》。不称西宫白虎而特言咸池，大概是明示西宫代表的星在白虎之外。这样看咸池或就是五车，后来把它留作五车中的小星名是有理由的。天潢原来当系咸池别名，五帝车舍简称五车，但五车这名字实际得多。也许本来是五车，被钦天监之流的人物归之于帝，而又给加称为舍。

三十七　东井

　　咸池虽然是西宫，然其西面的星是东壁，东面的星又是东井。不过在二十八宿的四方分配上，东井又已是南方诸宿的开头了。所谓南方诸宿，是夏天的太阳所行经的列宿。大概从前井鬼（即井宿和鬼宿）在立夏点，所以它被列为南方诸宿之首。现在井宿到夏至点了，可是阳历的夏天以夏至之月为开始，就仍不算不适当。由初夏（夏至）到初秋（秋分），太阳离去井宿九十度，即井宿将在太阳升起之前四小时（九月一日，约须减少一小时半）升起，但这时井宿比太阳所在的纬度靠北二十度，又须早升一小时。九月一日井宿东升的时刻约在半夜一时，而到天明犹离中天三十度。它在东的印象是可以比五车更为深切的。

　　恰好和五车相反，井宿中的明星是在后井的部分。井宿的西名是双子，自然是绘作两个人像。就东升的时候说，两人的足部先出现，最后到两人的头部，各占一颗大星。两人由头到足，都是几颗星形成一线。北一线是双子座 α、ρ、τ、ε、μ、η，南一线是双子座 β、υ、δ、ζ、γ。两线可以说是平行地由东北斜向西南，在我们面东北而望时正与视线垂直，而且两端的星也正平，这样就成一竖置的长方形。井的名字大概就是这样来的。作为井底的这两颗大星，在西落的时候是绝丽的美观。两者的距离只有四度，光等很相近，极平地浮在地平线上，好像是通达天衢的门户。

　　双子座 α、β 又是光等改变的一例，照习惯应该是 α 星亮于 β 星，而现在 β 星亮于 α 星。β 星的光等是一点二一等，而 α 星则是一点五八等（很不幸，失去了一等星的资格），因此 β 星的名声就超 α 星而过之了。不过如就 α、β 两星俱为双星说，则 α 星的足被注意又远过 β 星。双子座 α 为美丽双星，即就全个北天而论，恐怕也是第一。大星之旁，有一光辉及其一半的伴星，这伴星的实际光辉也达太阳的十一倍，大星则达太阳的二十三倍，俱为天狼式的 A 型星，距离为四十三光年。两星的总共重量为太阳的五倍半，每三百零六年互绕一周。两星之外又有一红色的第三星，光辉为太阳的二十五分之一，仅最大的望远镜可见。

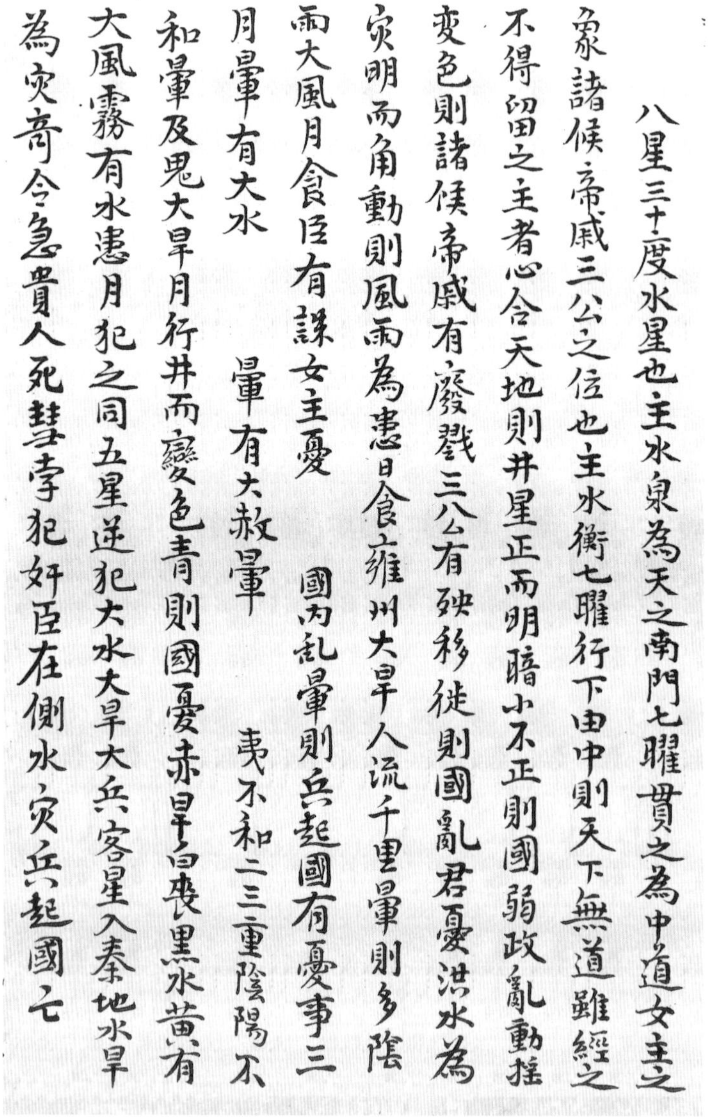

八星三十度水星也·主水泉為天之南門七曜貫之為中道女主之
象諸侯帝戚三公之位也·主水衡七曜行下田中則天下無道雖經之
不得留之主者心令天地則井星正而明暗小不正則國弱政亂動搖
変色則諸侯帝戚有·廢戮三公有驶移徙則國亂君百憂洪水為
災明而角動則風雨為患日食雍州大旱人流千里暈則多陰
雨大風月食臣有謀女主憂　國內乱暈則兵起國有憂事三
月暈有大水　暈有大赦暈　夷不和二三重陰陽不
和暈及畏大旱月行井而變色青則國憂赤旱昌喪黑水黃有
大風霧有水患月犯之同五星逆犯大水大旱大兵客星入秦地水旱
為災商令急貫人死彗孛犯奸臣在側水災兵起國亡

古星图中对东井的描述

几年前，天文学家发现这三颗星又各自为一双星，而这就成为珍奇的六连星了。这六连星的每一对都是连最大的望远镜也不能分析的。但运用观测星云移动的光谱学，可以察出是两个物体在旋转。这种连星被称为"光谱的连星"。把视眼连星与光谱连星合并计算，则天上每四颗星中就有一颗是连星。上述的三对双星中，最大的一对的旋转周期是九点二二日，第二对是二点九三日，最小的一对是零点八一四日，即二十二小时。最小的一对在旋转中互相食变，似乎它们的性质完全一样；直径约为太阳的一半，重量也为太阳的一半。

　　双子座 β 也为双星，但它的伴星为一十四等的小星，当然不很被注意。但它的光等到底是可以自负的，它是 K 型星，但在三十二光年的远距离，其实际光辉仍为太阳的二十八倍。三十二光年的距离恰相当于十秒距。所谓秒距是指把太阳移远至视差为一角秒时的距离。通常以太阳在十秒距时的光等为比较实际亮度的标准。太阳在这距离上的光等为四点五等，天狼在这距离上仅为一点七等，这些都可与双子座 β 做一直接比较而即知道。

双子座

双子座 α、β 的西名分别是 Castor 及 Pollux，是一对双生子的名字。美丽的仙女丽达（今译勒达）被宙斯所看中，宙斯于是化成一只白鹅（有人说这就是天鹅座）将她诱惑，后来她生了一对双生子，就是卡斯透（今译卡斯托耳）与颇勒克斯（今译波吕克斯）。后来丽达又嫁与亭打留斯（今译廷达瑞俄斯），又生了绝代佳人海伦。这样他们与这为荷马所歌咏的美人乃是异父兄妹。但另一传说则说宙斯的双生子乃是颇勒克斯与海伦，这一说法至少在现在讲这对双星时是要加以否认的，虽然它将使我们更易记忆。

卡斯透精于骑术，颇勒克斯是精于击剑的英雄。二人曾应耶松（今译伊阿宋）之召，同乘亚哥（今译阿尔戈）船去取金羊毛。在途中，因为他们二人之力，众人脱风暴之险，二人遂被视作保航之神。罗马及亚力山大港的船只都在两舷绘上双子之像，以镇波浪。《使徒行传》所记保罗乘了到马耳他岛的船，正是此形。

双子升落的时间和金牛、猎户都相仿佛，而一为航海之敌，一为航海之友，很难用同一理由解释。如果双子制平亚哥船所遇风浪的故事也应认为由星象而来，则昴毕两宿的故事必不在同时同地发生，双子的故事应该早些。

中国的井宿也为水事，与相接的毕、咸池很为相像。双子座 α、β 被别称为北河二、三，然仍属于井宿。在西洋，双子并不是大星座，仅约有纵横各二十度的领域。然在中国，则依《淮南》所记二十八宿度数，井宿达三十三度（中国古法，周天为三百六十五度又四分一），为列宿中占度最广的一宿，其西边与参宿接，当然无可发展，一定是东边侵入巨蟹座（一部分为鬼宿）很多，所以鬼宿就只有四度了。

二十八宿起于角亢，属东方，早期的星野之说就可以月宫的房心为豫州（中央），但别据《汉书》所引星经，则中央的星野是井宿。

古希腊陶器上双子座的孪生兄弟形象

星野之说，虽然在三百年前就已为天文家所摒弃了，然以星野合地域，并不能说毫无理由。远古的分配失当，只能说其时天文学、地理学未臻发达，未能得良好结果。此种错误正足以表示古人之地理观。星野的改变，也很可说是由地理观改变而来的，以井宿为中央就比以房心为中央进步不小。

什么是星野，很可以简单说明。就一选定之日，观察某地的天顶星为某星，则某地即为某星之野。古之星野，大概只有一二个凭实测，其余的就均凭想象中之天上相去若干里、地上相距若干里而分配。以井宿为中央，似乎就是一实测的结果，因为现在井宿北达三十六度，正为中国中部天顶之星，其中夜中天的时刻近立春日，很有被选为标准星野的资格。自然因岁差的关系，这不能以例古代，我们现在既未考定井宿为豫州的星野起于何时，又难加以推算，可是前三千年内，应用上面的解释，都无须多大变动。

纵然上面的话全无是处，我们现在仍不妨有星野之名，而以科学方法订定新的星野。如然，我们的星野当仍不出井分（即井宿分野）。若地上的格林尼治线正对天上的格林尼治时（赤经零时），譬如春分日太阳时正午，则我们的经度也正和赤经相合，而东经一百二十度左右都将于八时左右现井宿中天。这种办法可由知赤经赤纬之有岁差，而消除忽略地上经纬度移动的无识。教科书是不大改变的，实际观察是最好的权威。

天上星座区域的固定，颇使人慨然于地上国家疆域的变更。不过星座的区域到底也是由割据称雄的人类所命定的，因此也把它们分得大小不等、七零八落，异常麻烦。近代科学发达，已察知这办法不对，而提出科学的分区法来[1]。虽然迄今未见实行改革，终有采用的一天吧。至于人间，要多少年后才能提出科学的分区域法，恐谁也不能知道。不讲整个世界，就单在一国之内，各种疆界中，有哪一种不是历史的创痕呢？

自然，即使人世疆域能有依自然法则划分的一天，地的分野也未即是星的分野，可是古代的星野所暗示的至少能使我们带一点惭愧吧。

双子所笼罩的地域，将为金沙江以下长江流域各省、珠江流域各省，不过江浙沿海的一部分已入巨蟹，上海的星就是须在巨蟹内寻觅的。这经纬度上恐

---

[1] 一九二八年，天文学家齐聚一堂，开始考虑对天空中的星座进行规范。一九三○年前后，天文学家确定了最终的八十八个星座以及划分星座界线的方案并一直沿用至今。

怕没有可见的星。自江苏北部以迄东北边为山猫之野，西北部及西藏为御夫之野。山猫笼罩着蒙古与西伯利亚的一部分，更北的西伯利亚则在鹿豹下。山猫与鹿豹是天上极荒凉的区域，人间的西伯利亚也正有同等的荒凉呢。

御夫以东，双子以北，隔山猫鹿豹两暗座，就遥接大熊。大熊的最西部达赤经八时，可紧接双子而东升，但皎明的指极星则又隔三时经，唯因其赤纬在北五十度以上，在九月一日，约当晨三时，就已又东升了。到这里，我们对于距极五十度以内的一周天观察完竣。距极五十度南仅有几个星座，现在还来得及看。

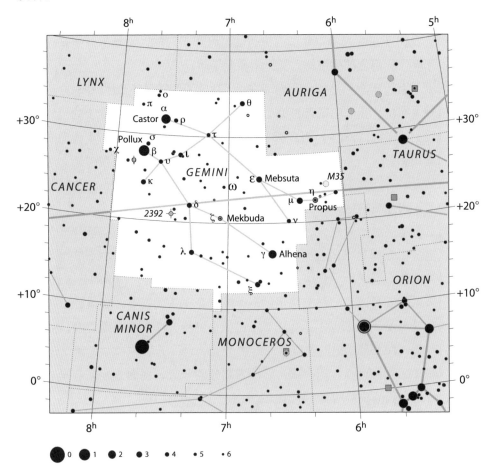

双子座星图

三十八　鬼与积尸

　　《经天该》里说："鬼宿四星方似柜，中间一白积尸气。"这句话把鬼宿的形状完全说明了，不过方似柜的四星并不明显，而这被称为积尸气的星团也不似昴毕显明。它的西邻双子是它最好的目标，北邻的山猫、南邻的柳宿（西洋巨蟹南部及长蛇之头）也是一样苍茫，无助于辨识它的方位。这星座在二十八宿的度分中只占四度，为第二小宿。西洋称它为巨蟹，虽分给以不小的地位，然在黄道十二宫中，也被认为是最不足注意的一宫。我不知道我们最初翻译星座名称的时候为什么偏特译之为巨蟹，而巨大的蝎倒并不翻译为巨蝎。

巨蟹座

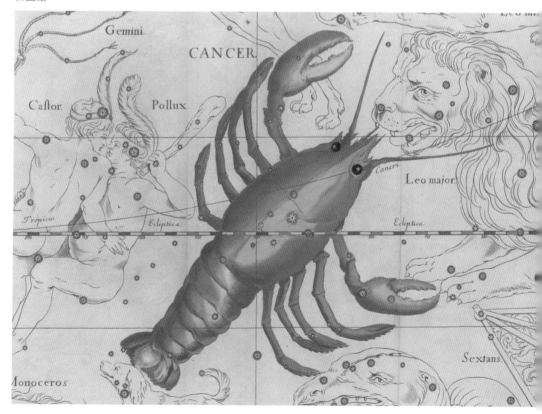

巨蟹的星团在西洋被称为蜂巢（Praesepe），又称食槽，而以星团南北的两星为驴。这些星在天气不很好的夜间都会隐没，因此古时的航海者把它们当作天气的标识。勃里尼^①说道："若是云雾遮起了东北的驴，就要起大的南风；若是遮起南驴，就有东北风来。"其实是没有这样神奇的，这两颗星中若有一颗星隐没，另一颗也绝不会仍显露着。另一说法又说蜂巢清楚地现于天空，为大风雨的朕兆，与上说更形冲突。大概愈是忽隐忽现的星愈为迷信所寄。

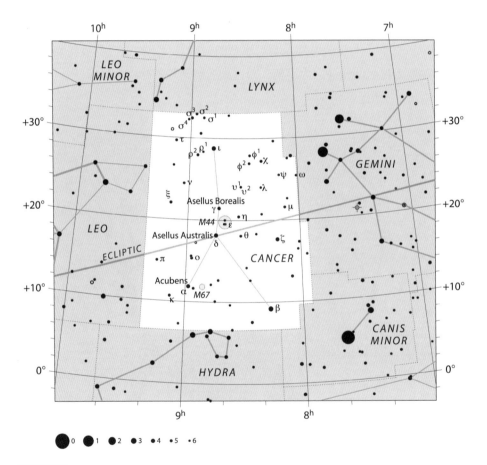

巨蟹座星图

---

① 当指盖乌斯·普林尼·塞孔都斯（Gaius Plinius Secundus），公元二三年（或二四年）至七九年，古罗马百科全书式的作家，以其所著《自然史》一书著称。

星占学上说在巨蟹的影响下出生的人必遭恶死。古凯尔底安人称两驴星为人世之门，死人之魂由这门走入人世，转生为人。中国的鬼与积尸两名恰巧与这两迷信说法相近，舆鬼虽被解为司祠事，必不是原始之说。或者《易经》上的"载鬼一车，游魂为化"就是这名的适当解释。积尸所罩，必起刀兵，是很普遍的传说。《天官书》也说诛为质（积尸），这也与恶死相近。何以会这样不期而同，似可奇怪。

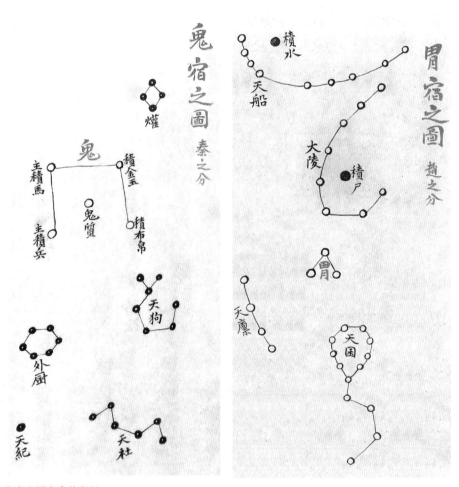

鬼宿和胃宿中的积尸

据另一古老的传说，行星聚会于巨蟹，世界上就将有第二次大洪水。然一八九五年八大行星除天王星外都在巨蟹，天王星为古代所未知的行星，古老的传说应本非已计及此例外的，则第二次大洪水之说是一个不高明的预言而已。

不过我们不必以为巨蟹就只是供谈谈迷信的资料。一五三一年哈雷彗星的初次发现就在这座中。伽利略制成望远镜之后最先所得的喜悦是发现蜂巢也是一个星团，可辨别的星在四十颗以上。这样就把它捧至与昴毕同等的地位。

真是和昴毕同样，它也是个移动星群，在进行宇宙的系统运动研究的今日，它的地位会渐重要。

鬼宿星团（也称为蜂巢星团）M44

三十九　参宿

在赤经七时半的双子座 α 、β 在夜一时已经可以升起了，约在赤经六时的参宿四也非到夜一时不能升起。至于在赤经五时许的参宿七，其升起还更要晚些。前面说过赤纬愈北的星，其半自转弧愈长，而赤纬愈南的星，其半自转弧愈短，我们当还记得。大体地说，参宿是赤道星，由升到落，共需十二小时左右。

参宿是最光明的一个星座，主要的七颗星中，两颗是一等，五颗是二等，

猎户座

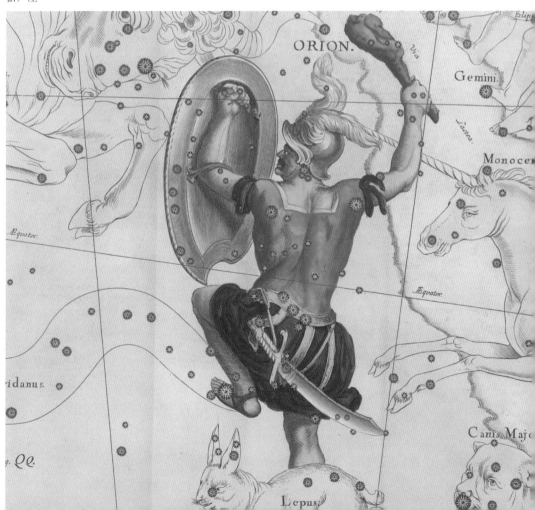

这样辉煌灿烂，当得起盖天无双。七颗星的地位也很整齐，外四颗形成一个长方形，内三颗连成一条斜线。据说世界各民族都把参宿看为一个巨人。

中国最通俗的名称是白虎，白表示方位与光芒，虎大概形容其威武，或者也视其初升的时候为虎像。但参之一名，多数是由实沈转来的，而实沈是人名，或者中国也曾视其为人像。西洋称它为猎户奥赖安（今译俄里翁），以北面的二星为肩，南面的二星为足，中斜的三星为腰带，左肩以上的一些星是高擎的狮皮，右肩以上的一些星是高举的巨槌，腰带下的一些星是悬在腰带上的佩刀。

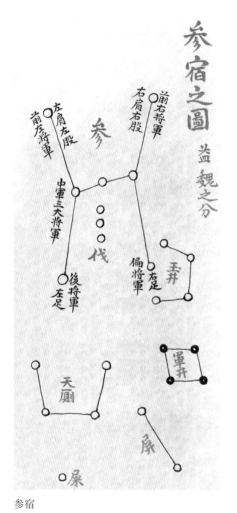

参宿

作为头部的星也很清楚，两肩之间，上有三星距离很近地簇成三角形。

右肩的星是参宿四，西洋为猎户座 α，专名为腋窝。它虽然负了 α 星之名，在座中却不是最亮，大概是自命名以来，亮度已经低减，而且它是变星，周期全无规则，有人以为或许几千年来就只在一个周期之内。现在在它最明之时，也达零点五等，不及参宿七者只零点二。不过它是红色 M 型星，在照相中极见暗淡，简直要落至二等以下。这颗星最适宜和天蝎座 α 比较，可惜它们本身是参商，我们不能有直接比较的机会。据天文学家的精密计算，参宿四的直径实达三万四千六百公里，体积为太阳之两千七百万倍，质量为五十倍，实际光辉为一千二百倍，因在二百光年的距离，看来才如现状。

参宿四为猎户座中的一颗特异的星，它独为 M 型，而别颗则多属 B 型，其中参宿七（猎户座 β，专名为左足）

尤为最受注意的 B 型星。天津四的光明曾使我们惊奇过，参宿七却是与它同型而又超过它的。参宿七并不及天津四远，距离大约为五百光年，但直径达太阳的三十五倍，实际光辉达太阳的一万五千倍。在视眼所能见的星中，它的光辉是太阳中之太阳。现在所仅已测得的比它更光明的星是剑鱼座 S，光辉达太阳的三十万至五十万倍，然这星的光等及所在的纬度都是我们所不能见到的。

腰带上的三星为猎户座 δ、ε、ζ，因为等亮而密近，它们并不比两颗一等星更少名誉。它们似有种种名称，中国称之为衡石，是取它们东升时直坠的姿势。西洋水手们呼之为码尺，因为三星所成一线共长三度。天主教徒称之为圣母之节，法国人称之为三王，德国人称之为三海鸥。澳洲土人称之为三舞男，七姊妹为他们奏乐。一八〇七年，莱比锡大学还曾替它们加上新名拿破仑，但这名字不曾被人承认。

猎户座 δ 的专名是带（Mintaka），是颗变星，且也是双星，一颗为白色，一颗为淡紫色。猎户座 ε 的专名是珠串（Alnilan）。猎户座 ζ 的专名是绦带（Alnitak），则是三连星。这三个专名俱出于阿拉伯，恐怕是三颗星不同的总称辗转被分派给各星一个了。

斜横于三星下，又有三颗较暗的星形成三角形，它们是猎户座 η、σ、ι。猎户座 σ 紧贴在猎户座 ζ 下，猎户座 η 与 ι 在平线上而与 γ（猎户左肩）成直线，猎户座 ι 为下角。中国称这三星为罚，三角形中近 ι 星处的星云（M42）也被包括在内。星云之上为著名的四连星猎户座 θ，与星云混成一片。因星光与云光混合，遂为肉眼所易显然察见。中国古代就知道这一现象，但未辨别其性质。在西洋，猎户座 θ 连伽利略也未提到，到一六五七年才由海京士（今译惠更斯）偶然发现，其后侯失勒（今译赫歇尔）曾加以研究，得有相当准确的结论，然真能明白其性质是近代天文学上的成就。

除这显见的星云外，猎户座 ζ 之南也有一片星云（M43），与这星云为同一性质，而且更能显出这类星云的特色。这类星云，或者采用李善兰的译名，称为星气较为适当。因为这类星云并不包含个别的星，而只为一团气体。它们的形状也全无规则。M43 星云像长长一抹轻云，M42 则又似浓密的白云朵。它们都比较近，多少与银河有关。猎户的两个星云虽不在银河之内，但与银河仍是很近的。M43 星云上有一马头形的黑影，遮住了星云的一部分，据考察当为

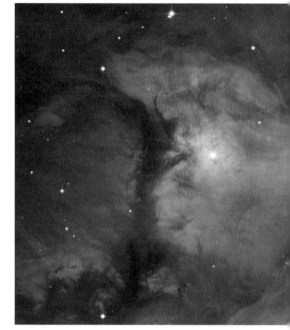

猎户座   M43 星云

一片暗云。由这暗云的发现，得明了银河中的黑洞乃同此性质。

气体星云也许是恒星诞生的最早形式，这无定形的星气渐由运动而结有核心，就成行星状星云，再进可成星团。至于这种解释，现在已有很多人持异议，确定的解释还有待将来[1]。不过气体星云将发展为何种形式，虽不便推绎，但这种星云为一种最初级、最年轻的天体都是大家承认的。这种星云的成分大都为氢气、氦气，及一种未知性质的星云素[2]。

氦气几成为年轻天体的标识。B 型星也因为富于氦气而被认为最年轻。猎户一座，除了少数的星以外，就是一年轻的集团。它们集于一处，不是偶然适合我们的视线，而是在一共同的机构之下，它们同在六百光年的距离，以相同

---

[1] 行星状星云是气体星云，这些气体在中心星强烈的紫外辐射的激发下发光发亮。行星状星云一般都比较暗，只能用望远镜进行观测和认证。大多数行星状星云都呈绕中心星对称的圆环状或圆盘状，有些则具有纤维、斑点、气流及小弧等比较复杂的结构。

[2] 这种星云的主要成分是氢元素。

的速度离我们而去。它们的总合被称为猎户移动星群，是已知的移动星群中富于特色的一个。

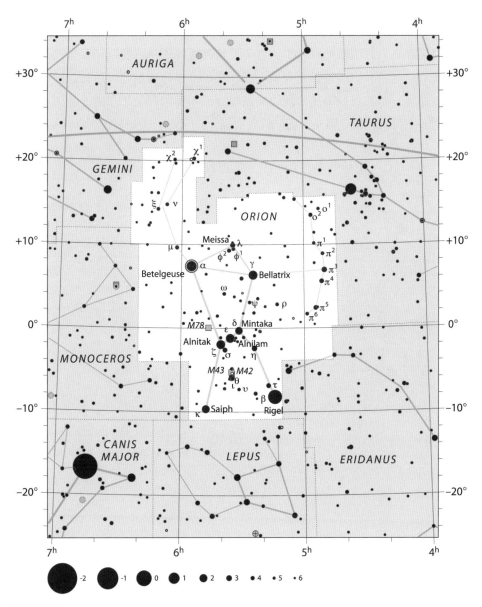

猎户座星图

猎户的科学趣味，可以掩过其神话的趣味。猎户虽是这么皎亮威武的星座，但猎户奥赖安（今译奥利翁）在神话上远非海勾力士（今译赫拉克勒斯）、颇秀斯（今译珀尔修斯）之比。据神话，他为海神之子，是一个最高尚美丽的少年，为月神亚德美斯（今译阿尔忒弥斯）所爱。日神（即太阳神）阿波罗不喜这恋爱，就乘他游泳之时，用箭把他射杀。也有说他为天蝎所杀，所以他至今犹望天蝎之影而逃。这是和中国的参商故事同样产生的。猎户为航海者所畏，被认为是暴风雨之征。然它在航海上的地位实甚重要，不仅因其位于赤道，并因严冬之月，北斗下沉，北极星微暗，而它终夜辉耀于南天，乃为最好的辨认目标。

四十　南河

　　我们已知道，参宿的时经较早，而东升是井宿较先。同样，天狼的时经虽较早，而东升则是南河较先。北河二、三的赤经和南河三相同，但也因纬度之差，南河三迟出一小时。

　　南河三的赤纬则仅比参宿四靠南二度，在视眼中仅可谓相平。我们把猎户的两肩连一直线，可以指向南河三的出处。它也可以列为赤道星，在航海上也很重要，不过它也不是航海者所欢迎的星。从昴宿起，除开双子是神话上的航海福星以外，金牛、巨蟹、猎户无一不是狂风暴雨的征兆，南河也不是例外。

小犬座

南河的西名是小犬，与隔河的大犬遥遥相对。这两条狗是猎户的猎犬，也有说是猎神之狗的。猎户本是猎神的爱人，似乎也无须分清。南河三为小犬座α，专名叫先行（Procyon），是指其先大犬而升说的。阿尔苏菲记其名为波泪之犬，据说是因为大犬跑至河西，把它独留在河东，所以它在号泣。这故事并不怎样荒唐，六万年前大犬也许原是在河东的。

小犬这星座原来就不大，近代更在它的南部分出一麒麟。麒麟中没有一颗大星，而小犬因此局促得可怜，纵横都只约占十五度的区域。区域虽小，南河三这一颗星到底还是足以矜负的。它的光等是零点五等，就是还得作为零等星，在北天为第四颗最明亮的星。它原为带黄色的F型星，与北极星同样，但我想这黄色是无法辨得出的，它皎白得比牵牛还要皎白。

以南河三与牵牛比较很有意味。两者的纬度差不多高，都在银河的旁边，相距又几为一百八十度。因为它们都在赤道之北，东升比赤道为早，西落比赤道为迟。这一颗星刚出地平线的时候，那一颗星恰将近地平线，这样就差不多示出东西两点。在能看见水委一的天气，水委一就刚在正南，其光等也差不多，不过它的距离要远得多。至于南河三、牵牛，则所差甚微。南河三为北天球一等星中距离最近的，为十点五光年；牵牛第二，为十六光年。实际光辉，牵牛为太阳的九倍，南河三则为六倍，也所差有限。所差者牵牛为A型星，其放射力强，故体积远逊于南河三。约略地说，牵牛的直径为太阳的二分之一，而南河三则为太阳的二倍。

南河三的体积，自然以比巨星还是望尘莫及的，然在最近距离的星中，实为最大。这最大不算十分特异，最足异的是它是一个双星，其伴星却为一最小之星。倭尔夫[1]目录中359号星的渺小是很著名的，但因为它是红色星，光辉虽只为太阳的五万分之一，体积却较光辉及太阳四百分之一的天狼伴星（白矮星）为大。南河三的伴星的性质虽尚未十分确定，然多数当亦为白矮星[2]，而其光辉只及太阳的二万分之一，就非为一最小之星不可了。这两星的旋转周期很长，约四十年而一周。

---

① Max Wolf（一八六三年至一九三二年），今译马克思·沃尔夫，德国天文学家。
② 天狼B星和南河三B星分别是天狼星和南河三的伴星，它们都是著名的白矮星。

小犬的第二颗明星是小犬座 β，与 α 星相距很近，其斜势也和双子座 α、β 相似，距离则更短半度。阿拉伯人以双子座 α、β 间的距离为量天长尺，小犬座 α、β 则为短尺。这两条尺及指极星间的尺，对天球上的短距离来说，确是颇有用处的。

九月一日次晨五时半，正东方面，可以看到近赤经十时的星，但一则小犬东的星是一直延绵到十五时的长蛇，二则蛇头没有明星，都不便说，因此我们在赤道上的东境暂以小犬的东边为段落。

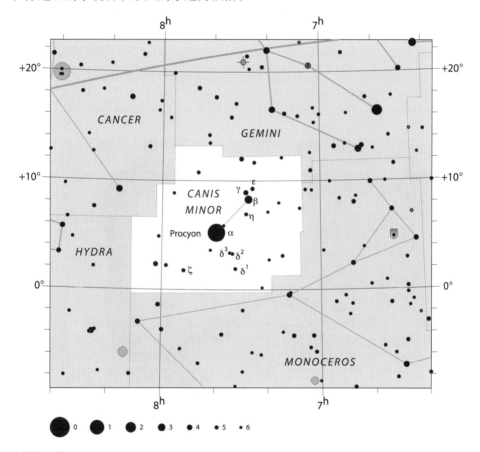

小犬座星图

四十一　弧矢与天狼

　　无论你怎样并不以一颗星也不认识为恨事，就在黑夜间迷路于旷野，也尽可以不懊恼来认识北极星，但不认识天狼到底足以惋惜。如果不幸生为盲人，白天从未见过太阳，人必定觉得悲惨。为什么在夜间不盲的人不知道珍视这太阳中的太阳呢？

　　天狼在西洋称为闪流（Sirius），是大犬座 α。大犬有五颗很清楚的星，β星在 α 星西，二者大致相平，δ、ε、η 三星在 α 星东南十余度处构成一三角形，其中以 ε 星为最明，光等几逼近一等。在中国这三角形及左近的星称作弧

大犬座

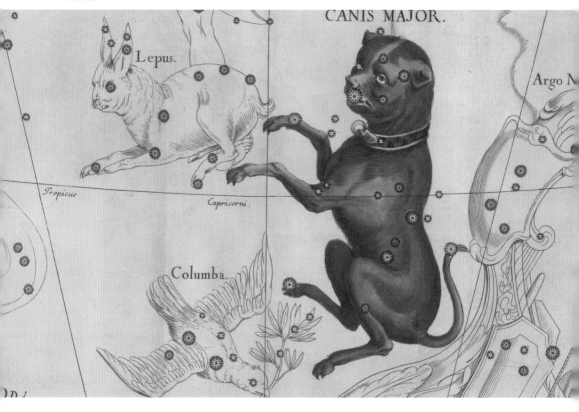

矢，α星称作天狼，弧矢是在逐天狼的。但无论如何，有了天狼，邻近的星都显得失色。太尤、弧矢都可以不管，天狼就是一切。

在视眼中，除了本不能和它打比的行星，它是全天最明亮的星，光等是负一点六等，应算为负二等；因为是白色，在照相光度上也是一样的。它比北天最明亮的星织女要更亮六倍。以我们所易了解的事物来比拟，它的光亮约如一公里外的一盏街灯。所以，它的光亮简直可以单独照出物影。

上面的渲染恐怕要使我们误认为天狼是天上的第一颗大星，但幸好以前提起过，就体积讲，最大的星心宿二为太阳的五千万倍，而天狼不过为太阳的八倍。就实际光辉讲，剑鱼座 S 为太阳的五十万倍，而天狼不过太阳的二十六点三倍。它在视眼中最亮，是由于它近，又属光辉强烈的 A 型。

南门二是比它近的一颗一等星，体积达它的一半，而实际光辉只及它的二十四分之一。比它只略远两光年的南河三的体积达它的二倍，而实际光辉只为它的五分之一。这是因为南门二是 G 型，南河三是 F 型，放射力都不及 A 型强。

至于放射力比它强的，在一等星中当数 B 型的参宿七，但它远在五百光年之外。若是它近如角宿一，它的视眼光等就要超过织女一等；若是近如织女，它的视眼光等就要超过木星；若近如天狼，它就比金星还亮。然而十光年内没有一颗 B 型星，没有第二颗大的 A 型星，连和行星差不多大的白色星也只有三四颗而已。

天狼在太阳四周十光年的距离内，无论就体积、质量、实际光辉等方面中的哪一个说，都是最大。所以在这小空间内，它是最大的太阳。不过这些完全是在天狼的一面的，天狼到太阳是八光年，如在同方向更远离太阳十光年，即离天狼十八光年，再以天狼为中心，我们就得知在天狼那一面的十光年（即距太阳十八光年）或二十光年内，其情形是否也相似。这里就产生我们究竟在天狼的哪一面的问题了。天狼和南河在同一方向是无问题的，如此则反方向当为织女与牵牛，即在天狼上看，我们与织女在同一方向，构成奇丽的三角形。如认这两方向为东西，则离太阳最近的南门二必在太阳与天狼之间。也许，以太阳和南门二间的距离为底，天狼到两星的线大致等长。如此，若就南门二画一通过我们天顶的大圆，则凡这时东面距离太阳十光年的星必不在天狼以外，而

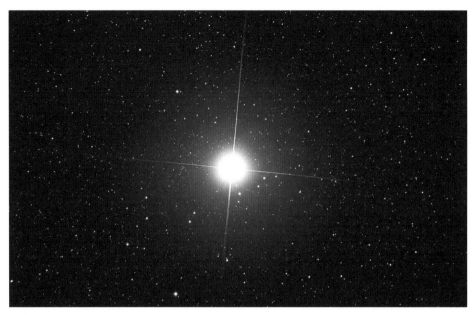

天狼星

天狼同方面也没有质量和光辉超过天狼、距离在二十至三十光年之间的大星。这样，天狼所雄踞的空间可廓至自己四周各十五光年。凡这范围内的星，其运动虽不一定受它的支配，却都必受它多少的干涉。我们的太阳似不脱这个命运。

不过天狼四周各十五光年的区域也是在一个大集团支配下的。这就是已提起过的北斗移动星群，天狼是这星群中的一员，此外尚有北冕座 α、御夫座 β 等。由这些星测天狼的方位，它大致只为边界的一员，而体积的大小也只在中等了。我们的太阳不能与这星群中的星并论，因为它本不是其中的一员。北斗离我们而去，天狼则向我们而来。有一日，天狼越我们而过，它的运行方向就会和北斗一致，而我们也许不再受天狼干涉。那时我们的太阳在怎样行进，也许更能清楚，不过我想我们决不要到那时才发现宇宙的这点秘密吧。

再提一提天狼过河的传说吧，也许这还是石器时代遗留下的。波斯人说，天狼与南河三为老人的姊妹。老人娶参宿七为妻，家庭生活甚坏，愤而杀妻，避罪逃往南极。天狼追之渡过天河。这故事最多不过流传了两万年，我们现在所测的天狼运行方向与这甚合，万年后的情形已不难想象。

东汉壁画中的弧矢射天狼

　　另一故事又示明天狼的光等在增加。好几个古代记载都说天狼的颜色是红的，甚至有说它红过火星的。牛康[1]教授曾坚决地提过天狼为红色的不可能，但是墨迹未干，英仙中的新星出现，中间曾经过由红到白的过程。有新星的绝端的例子，缓变的可能也无从否认。至于解释，则有人以为也许原是巨大的红色星，急切收束，重成白热。也有人以为距离增近，光芒闪烁，乃呈各色，如太阳之现虹彩。无论是什么原因，大概光等的增加是事实，虽然天狼被认作第一明星也已久矣。

　　十八世纪中叶，天狼的光明曾激起伏尔泰的幻想。他在小说里面描写一颗行星绕天狼而行。这比斯威夫特[2]预言火星有两个卫星还要神奇，因为在

---

① Simon Newcomb（一八三五年至一九〇九年），今译西门·纽康，加拿大 – 美国天文学家，代表作为《通俗天文学》。

② Jonathan Swift（一六六七年至一七四五年），今译乔纳森·斯威夫特，英国讽刺作家，著有《格列佛游记》。

一八六二年，人们确发现天狼有颗伴星，而且它小得直径只有地球的三倍，就是还不及海王星大。然而它不是个行星，它只是个光辉渐减的白矮星，是不是终有冷却的一日还无人知道呢。

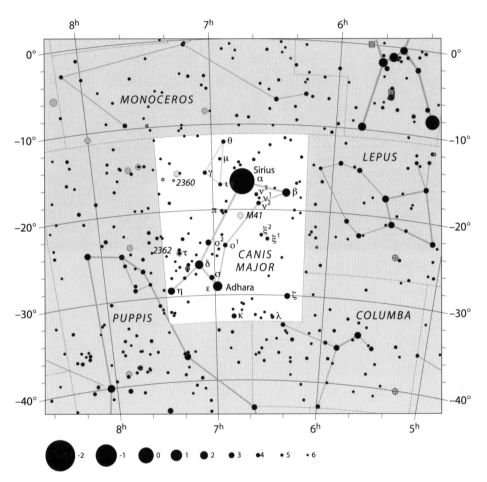

大犬座星图

四十二　天兔

　　大犬小犬是追随着猎户的，可是它们既在捕猎，它们的目的物呢？说来笑话，它们在追逐一只野兔。两只凶猛的巨獒追的却是这样怯弱的生物。正如其所象的生物，这星座也渺小得很，无论从星光或领域方面看。不过，上三颗星、下三颗星排列得尚为整齐。

　　因为整齐，有些地方以为天兔是猎户的坛座，埃及人更以为是猎户的船。这些似乎也未必合适，这样小的座船也载不起一个巨人，我们还是认它为兔吧。古代传说每谓兔是月中之精，印度人及中国人对这说法尤为熟悉。不过单说中

天兔座

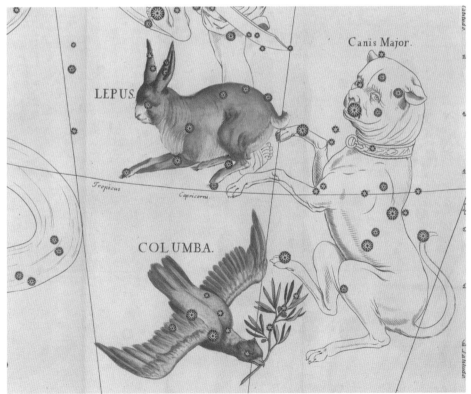

国的故事仍没有什么意思。在希腊人看来，兔既是月，月就是猎神，这和猎犬有了关联。我们说过，有人以为大犬、小犬是猎神之犬，则我把猎神列于此处很为合适，而且她可以常和她的爱人在一起了。

这星座内唯一可注意处是有一颗朱红色的星，系辛德氏（今译约翰·欣德，英国天文学家）在一八四五年发现，所以称为辛德氏朱红星（今译欣德的红星）。它的红色极深，好似一滴鲜血滴在黑黑的大理石上。除南极圈内尚有一颗深红的星为我们所不见以外，在我们的纬度不能见有足与其匹敌的红星。

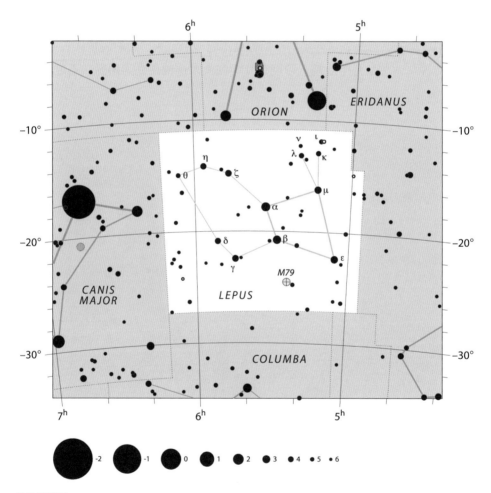

天兔座星图

有些地方认为天兔是敏捷与恐怖的象征，而这星座的设立是为了纪念古代把西西里弄成一片荒凉的大兔疫的。这解释使人感到凄然。

最使人不快的是中国的名称，不说似乎更好，你想是什么？是厕，而且把下面的天鸽座 μ 称为屎。如果这名称出于农间，也还自然，然而是为帝王而设的，仿佛给皇家做厕，与有荣焉。天上的明星宁可为这种卑劣的思想所污。

天鸽侥幸没有全部受到厄运，其主要的星中国称为丈人、子孙，与左近的星都没有关联。西洋的鸽则是与其东南的南船相关的。据说因这鸽的前导，亚哥（今译阿尔戈）船才能安全渡过蓝岩。

天鸽直南是绘架，暗淡之至；再直南到剑鱼，是已知的实际光辉最大的星所在。不过剑鱼座 S 的视眼光等并不大，而且我们也看不见。

上三座都在南船之东，因此我们趁便说一说南船。

四十三　南船

　　如果我希望说清楚南船，现在不是说的时候。但因为南船根本不是我们所能完全看到的，我们只求说及而已。我们凝视了好久的虚空，这回我们真远入虚空之境了。

　　造亚哥（今译阿尔戈）船的人自负它是世界第一大船，我们在想象中却把它弄得更大了。在天空，南船最西起于赤经六时，最东迄于十一时许，最北逼

南船座

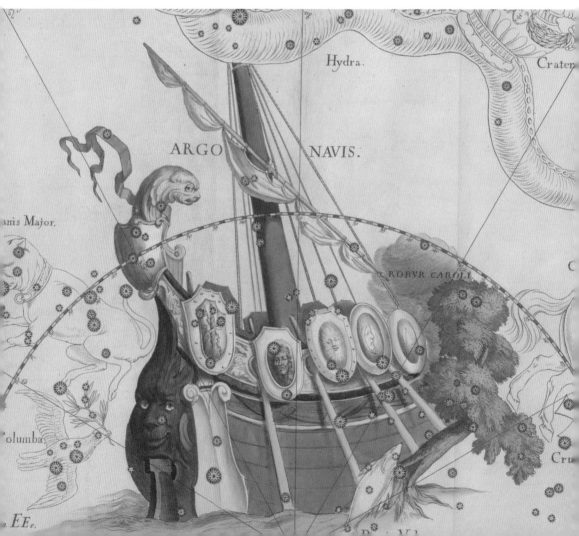

临赤道，最南距南极十四度。这只船还不完全，后面没有舵，前面的船头不完整，要把西南的画架加入做舵，东面的十字架做船头才更像。

就已有的船的各部讲，最南的为龙骨，龙骨之上为三部，最后为船尾，即最北达赤道的部分。前为帆，帆上露樯，樯亦有称为罗盘者。樯最北只到南二十度，帆最北到南三十五度，最南到五十七度。帆的东西也很长，自赤经八时到十一时，实际且较龙骨为长，因为北四十度时赤经间的距离远比六十度上的为阔。所以，这只船须画在平面方图上看去才像。

晚近已把船的各部各立为星座，船尾座和罗盘座为我们所极易观察，然其间没有明星，无可多说。船帆座在银河内，也不易观察。龙骨座（即船底座）是南船座的主体，除有一颗一等星老人外，更有四颗二等星，但四颗星都在我们的地平线下，即赤经八时以东的龙骨部分已非我们所见。一个庞大的南船最使我们引起兴趣的还就只一个老人而已。

老人距南极三十七度余，即在中天时可高出真地平五度，中天时刻为二月廿四日晚八时，早一月为十时。那样的寒天，太晚的时间不便去观候，而且天气也太坏，不易寻见。在九月，它在天明之前中天，天色清朗，倒比较易见。中国古书上说以秋分时候之于南郊，倒是适用的。

老人为 F 型，然因光等甚高，所现却为青白色，视眼光等仅次于天狼。它们的实际光等，因视差尚迄未测，尚无从计算，其距离大致为四百五十光年，光辉当为太阳的一万倍[1]。据一种测定，银河的中心在近老人星处，因此这不可揣测的大星曾引起过人惊奇的想象。但现在大致以为银河中心在人马座 γ 处，使这惊奇略为消歇了。

到老人为止，由赤经四时到八时间的明星都已说过了，共计有一等星八颗，并且从最北的五车到最南的老人，总共长不足百度。这部分的天真是得天独厚了。把老人附在此地说，正也为把八颗说全。

---

① 老人星是全天第二亮星（呈黄白色，其质量是太阳的六十五倍），光等为负零点七等，仅次于天狼星。若论恒星本身的光等，老人星要比天狼星更亮，但由于距离地球更远（约三百一十光年），所以它看起来略微暗淡一点。

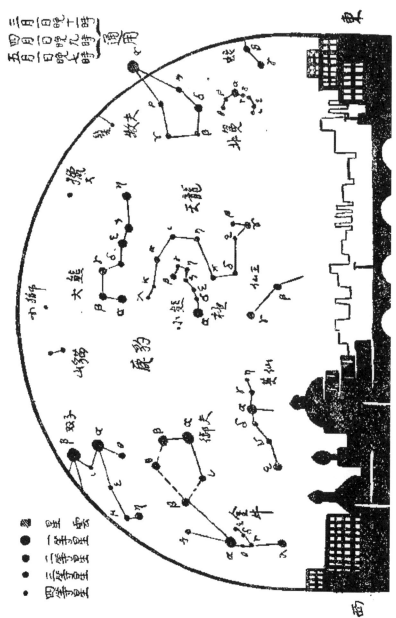

北天星象（十一月三十日次晨五时）

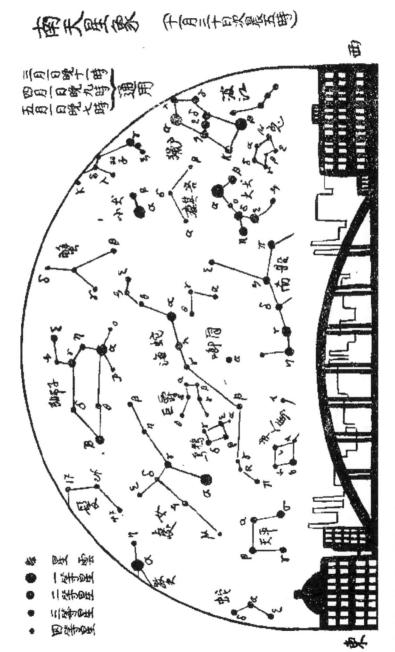

南天星象（十一月三十日次晨五时）

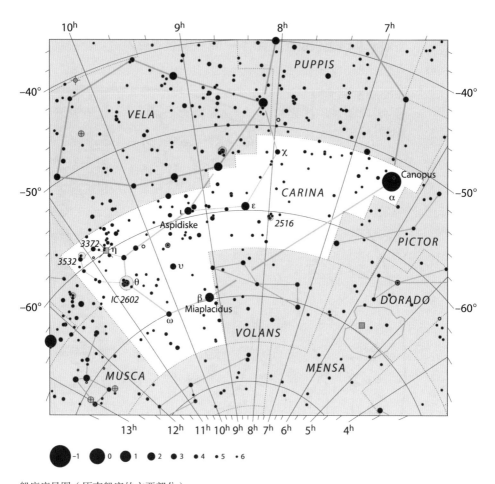

船底座星图（原南船座的主要部分）

四十四　狮子

—— 补天之一 ——

九月一日太阳正在狮子座中，到九月十七八日才离狮子座而入室女座。而狮子座可以在太阳未升之前出现，但我们要看得清楚，还是等到暮秋，索性就在十一月三十日再看。那时可以看到它由东升到中天，可以看到它与其东的星座（就是我们最初所看到的最西星座）的关系。因此从这里起，我们是在说十一月底的情形了。

这时候，一近中夜，北斗的勺就从地下转上来。指极星的一端指定了北极，另一端则指着我们所期待的星座。这星座的名字是狮子，座中的明星是小王星，中国古代称为轩辕，地位是在狮心。狮子头部先升，有纵扑上天之势，随后尾巴才摇曳上来。头尾两部，中间有间隙隔开，中国把它分为两座，一为轩辕，一为五帝座，似乎颇有理由，但西洋用想象的线把它们联系在一起。

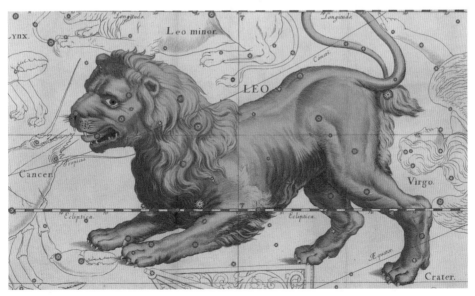

狮子座

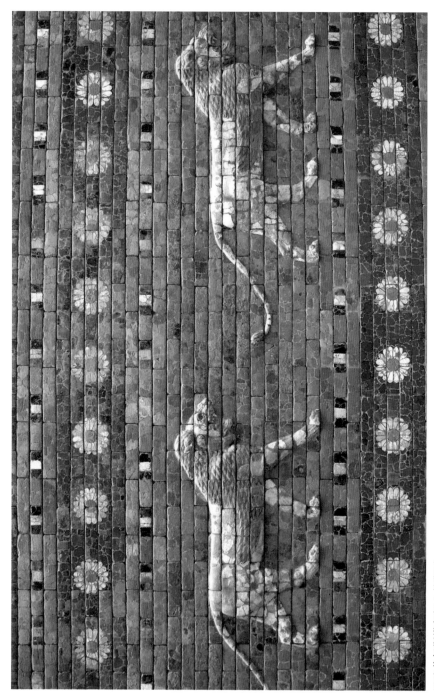

巴比伦伊斯塔尔门上的狮子

狮子的头部是著名的镰刀形，西洋与中国的俗名都是这样叫唤。镰刀的柄在南，刀在北，刀口向西南，刀柄为小王星。这一镰刀形说是狮子的头和项，也不算太错。尾部是一三角形，锐角向东，角上为很明的二等星，纬度与小王星相等，名字叫尾端，原文比天鹅的尾的 Deneb 只多末尾 ola 三字母。

据传说，这狮子是娜米亚（今译尼米亚）森林的那只狮子，生时为海勾力士（今译赫拉克勒斯）所斩，死后却与他同升天空，离着他也不远。在埃及，则狮子的地位很崇高，代表着大神奥里雪斯[1]，从埃及的纪念碑上都雕上狮头可以知道。

然狮子的来源还要古，巴比伦的天文学家已称这座为狮子。且有人以为这称法流传到中国，轩辕原在卯官，而卯为狮鼻的象形字，此说可未免悠悠难信。

小王星为狮子座 α，光等为一点三等。在二十颗一等星中，它与天津四争末位。虽然以零点零一之差，它居天津四之上，但天津四比它远十余倍，而且天津四是比它光弱的 A 型，狮子座 α 算来不过是寻常的星而已。它的距离是五十六光年，光辉是太阳的七十倍。

狮子座 γ 是一颗美丽的双星，大的一颗是二等，小的一颗为四等，两者相距仅三角秒。两者的颜色，一为纯白，一为金黄，为一种极有趣的对照。由这对照，我们可以联想到狮子座 α 与大角的对照。

大角、轩辕与角宿一也形成一个三角形，和织女、牵牛、天津四所形成的很相似。然而更著名的是狮尾，大角、角宿、蝎心所形成的大菱形被称为室女之钻石。

狮子时现天空珍象，就是每约三十三年出现一次大流星雨。这流星雨自一七三三年被注意以来，到一八九九的第六次都很规则。一九三二年天文学界早期就唤起人注意，然而狮子座流星雨竟未出现。天文学界更正说应为一九三三年，又未如所料。不知道是这流星雨将不再来呢，抑或是周期变动了。[2]

---

① Osiris，今译奥西里斯。在埃及神话中，狮子形象的演进从两个神圣家族中呈现出来，即从塞赫麦特（Sekhmet）家族向奥西里斯（Osiris）家族演进。

② 狮子座流星雨活跃在深秋时节，每年十一月中旬迎来极大。在历史上，狮子座流星雨曾于一八三三年在美洲和一八六六年在欧洲都有大爆发。一九九九年、二〇〇一年和二〇〇二年也都是狮子座流星雨的大年，但近些年来它比较沉寂。

看完狮子，我们对于北天球的星座是完全习熟了，黄道十二宫也至此而完全。

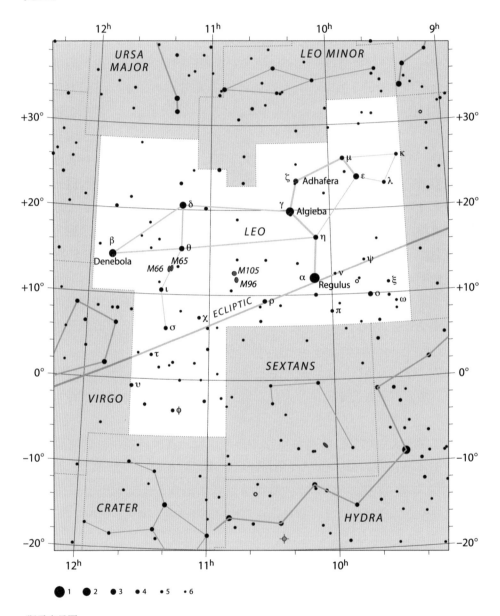

狮子座星图

四十五 长蛇

——补天之二——

必须到太阳走过室女官再讲赤经十时左右的星的缘故，也是为了便于说明长蛇。这是一个极长的星座，西面直接小犬，东边直达天秤，中心是狮尾的经度。如果这部分中天，就西面略近地平线，东边尚升起不久。不过东面是蛇尾，只有狭长的一条，也没有皎明的星。我们说它可说到角宿一之南为止。

这长蛇的重要不在它本身，而是在它背上驮的一些星座。镰刀的下面是新设星座六分仪，狮尾下面是巨爵，巨爵东、角宿西是乌鸦。我不知道为什么分出这些星座时不把蛇分为数段。

中国向来不知道这条长蛇，所以这部分是分成数座的。最西的蛇头是柳，头下曲处是七星，六分仪处是张，巨爵是翼，乌鸦是轸，都在二十八宿之内。

长蛇座

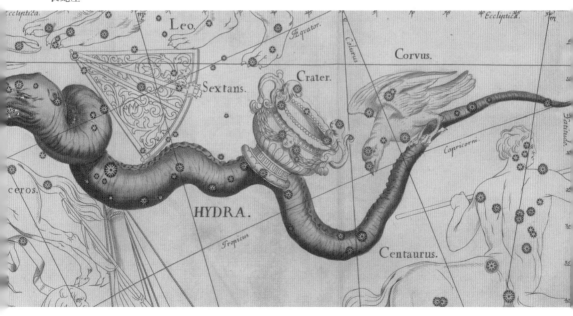

在二十八宿未定之前，这相当于十二次中的鹑首、鹑火、鹑尾，三"次"似乎都是从叫作鹑的这一大宿分出的。那么这鹑决不比蛇为短，就形说却不能比蛇为像。

如有所谓鹑宿，东面就要直接青龙，并青龙算就得周天之一半；其西面本是连井宿算在鹑首之内的，过去也就是白虎。这样，白虎的概念似也可变为由奎到参，而余下的四分之一全为玄武。这样四个名称就根本不是代表，而真是各为一个大星宿。不过除青龙与鹑首、鹑火、鹑尾有相当根据外，余者是不宜臆测的。现在还是就柳、七星、张、翼、轸分说。

柳宿正当于蛇头，北面一部侵入巨蟹之南部，δ、ε、ζ 三星曲作蛇头势，大致与小犬座 α 相平。ζ 星以东有一片星光暗淡之处。

七星简称星宿，主要的是长蛇座 α，一称蛇心，阿拉伯人也称之为孤独者。它的光等只有二等，然它的视差只有零点零零四角秒，即比天津四还小一角秒，距离当在六百光年外。凡视差在一百分之一角秒以下的，原不能准确，然其不准确只会是过大而不是过小，就距离说是会失之过近而不会失之过远。那么这颗星的光辉一定可惊，而且它是红色 K 型星，其体积当也很大。这红色星中国向很注意，称之为朱雀，也许即是鹑火，而曾经是大星。

张宿是荒凉区域，六分仪这新星座自然很渺小，长蛇的这部分也很暗淡。

翼宿较好，下有长蛇座 β，上为巨爵的全座。据传说，巨爵即是酒神的酒杯。的确，它的形状是颇像一只高脚杯的。就中国名字说，"翼"当为朱鸟之翼，但另一只翅呢？

轸宿为长蛇这范围内最易认的星座，乌鸦是不像的，一个不等方的四方形却很明显。四角由右上起是 γ、ε、δ、β 诸星，α 星则暗淡地在 ε 星之下。这颗星一定是光等低减了，而且不只它，β、γ、δ、ε 诸星明度的次序也很有差池。

在轸宿下的这一段长蛇简直没有六等以上的星，一直到角宿下继又有两颗，才使这长蛇续上一段尾巴。

长蛇是海勾力士（今译赫拉克勒斯）十大工作中所杀的怪物之一。至于乌鸦，则是报告阿波罗以他的爱人考罗尼孙（今译科洛尼斯）不忠事件的乌鸦。

长蛇终结，南天的水天也至此而止。由水夫（即水瓶）南鱼起，经双鱼、鲸鱼、波江、南船以迄长蛇，都与水有关。南天差不多全是一片苍茫，大概因地球上的人都感觉南半球是海洋，因而也移之天上吧。

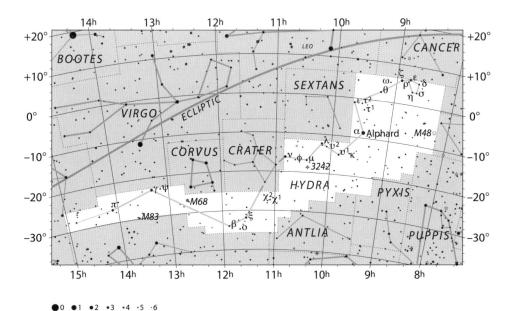

长蛇座星图

四十六　半人马

——补天之三——

角宿在东边的时候并不比它在西边的时候给人以更易观察南门的机会。南门夜间中天的时候，最早是七月的初昏，最迟是一月的将旦。九月是机会过去，十一月则是时机未到。不过角宿在西边的时候，我们对于角宿以西的星座还全不知道。角宿在东边时，我们对所能见的天空差不多都已熟悉，仅剩下未认识的半人马，我们很容易加以说明。

半人马的北境完全和长蛇相接；西边和巨爵的西境同远，差不多全部和南船接境；东边与长蛇的东境相等，接着天秤下的豺狼；南边平均达到距南极

半人马座

二十五度处。它三面包围着南十字，似乎南十字本可以不独立。

近长蛇的部分，在翼宿下的，中国称作青邱，星很暗淡，实已等于空蒙。轸宿下，离地平线十余度高处有两颗二等星平列，中国唤作库楼，西洋叫半人马座 γ、δ，更南就是南十字。南十字我们几无法见到，α、β、γ 三星都是很明亮的。 α 星为一等；β 星为一点五八等，和双子一样不幸地降为二等星；γ 星也是明亮的二等星，为在我们的纬度上有时可见的。另一个是四等，与上三星构成十字形，纵横都不过五度，所以与北天的十字形不能相比。

角宿一下是南门的主要部分，也有平列的二星，相距约十度，一颗为二等，一颗为三等，中国称为阳门，显然与南门同一意义。大概南门所指星固定之后，才另设这一名称。阳门左近的星很多，有几个形成一线，可直引至南门大星。南门二在南门十度三十三分，我们绝不能见。另一星称马腹一，在南六十度三，也见不到。不过这两星中国古时就有记载，《夏小正》所说的"四月，初昏南门正"当系指这南门。这是有法说明的。当北极在帝星时，帝星距南门不过一百三十度，就在北极出地四十度的地方，南门也仍出地十度。

不过南门之名当然是由两大星并列如门而来的，何以一个却称马腹，似是问题。有一种图上直接把马腹一作南门一，纵然未必全对，却便于称唤。

就半人马讲，南门二是半人马座 α，马腹一是半人马座 β。阿拉伯人称 α 星曰大地，β 星曰重量，然这两名称没有如其他星名一样被欧洲人所采用，所以这是两颗没有专名的一等星，有人颇为之惋惜。自南门二被测知距离只有四点三一光年以后，有人称之为最近星，然此后更测得南门二附近有一颗十一等星，距离只有四点二光年，它就又失去最近星之名。

最近星也颇有趣味。除了瓦尔夫 359（今译沃尔夫 359）以外，它也可算极小的星了，光辉为太阳的二万分之一，不过因是红色，体积比白色的要大些。

南门二则虽近而很大，它是双星，而且是由两颗大小、性质都相近的星构成的。较大的一颗直径及实际光辉都为太阳的一又三分之一倍，与太阳同型，实为与太阳最相似的星。小的一颗比太阳略大，因系 K 型，实际光辉就只及太阳的三分之一。两星以八十一年的周期旋转。

半人马座 β 虽较暗，然因远在三百光年以外，而且是 B 型星，当然远非 α 星所能比拟。它的实际光辉达太阳的三千倍，该和参宿七、天津四并论。

西方器物上的半人马形象

半人马座 α、β 与南十字全体都在银河界内。近南十字处是银河最明的部分，可惜我们完全不能看到。不过半人马座 α 这一端，去尾宿处的银河已经不远，若仅就想象银河的路线说，则我们是可以得知大略的。

尾宿与南门的相近，不仅是视觉上的，而且是物理上的，并南十字在内，统称为天蝎①。半人马移动星群，据说是我们本星云的主要部分。这区域后的远处又是远银河系的密集处。

关于半人马这名字，希腊神话中是常见到的。这是一种上身人、下身马的名为神骝（今译肯陶洛斯）的神怪，以前也是一族，因为贪酒为拉辟特族（今译拉庇泰族）所灭，剩下了唯一的半人马仙郎隐居在彼利安山（今译皮利翁山）上。他却成了一个戒酒修真的隐士，从阿波罗和亚德美斯（今译阿尔忒弥斯）那里学会打猎、医、音乐等术，具备了一切智慧。几乎希腊故事中的每一个英雄都是他的门徒，例如我们讲到过的双生子卡斯透（今译卡斯托耳）、颇勒克斯（今译波吕克斯），领导亚哥船的耶松（今译伊阿宋），以及射杀长蛇的海勾力士（今译赫拉克勒斯）都是。有一种说法，就是海勾力士诛除长蛇的时候，用一支毒箭射长蛇不中，却误落到仙郎足上，他遂因此而死。但他本来是长生的，因此他在死之前，先把长生给了盗火者普罗米修斯，才能死去。这就是他的星座何以靠近长蛇的缘故了。但他教导耶松为故事上最详细的叙述，因此他又靠近南船，我们不能说究竟哪边更亲切些。

半人马的东南方，南三角座大部为我们所不能见；规尺（即矩尺）、天坛都

---

① 应该指的是将房宿与钩钤看作十字。天蝎座在中国古代的星官系统中分属于房宿、心宿及尾宿这三宿。

很微渺，位于天蝎之下，在说天蝎时已提起过了。到此地，除距南极三十度的圈内我们本见不到以外，我们的周天观察是完全了。

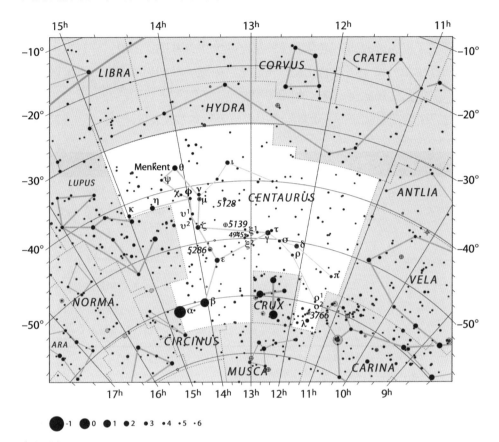

半人马座

四十七　二十星区

认完了星座，我们一定有感于各星座的大小悬殊吧。的确，许多人也有同感，而在企图另做一适当的分配。我这里且介绍一种把天球分为二十星区的制度，以供把前述星座作一总合的回顾之助。

这二十区的名称如下（带星号者为以一等星专名代表区域）。

北诸区

区号	区名	赤经
一	*极星	周天
二	仙后	二十二时至二时
三	*牝羊	二时至六时
四	双子	六时至十时
五	大熊	十时至十四时
六	武仙	十四时至十八时
七	*铄羽	十八时至二十二时

第一区为周极二十五度以内。

余六区北起距极二十五度以上，南迄距极七十度。

牝羊即白羊座；铄羽，Vega，天琴座 α，即织女。

赤道诸区

区号	区名	赤经
八	鲸鱼	零时至四时
九	*闪流	四时至八时
十	*小王	八时至十二时
十一	*豢熊	十二时至十六时
十二	*鹰尾	十六时至十时
十三	飞马	二十时至二十四时

六区均北起距极七十度以上，南迄距极一百一十度。

闪流，Sirius，大犬座 α，即天狼；小王，狮子座 α，即轩辕十四；豢熊，牧夫座 α，即大角。

南诸区

区号	区名	赤经
十四	*鱼嘴	十三时至二时
十五	波江	二时至六时
十六	*老人	六时至十时
十七	南十字	十时至十四时
十八	半人马	十四时至十八时
十九	人马	十八时至二十二时
二十	南极	周天

前六区北起距极一百一十度以上，南迄距极一百五十五度。

第二十区在周南极二十五度以内。

各区内所包括的星座如下。

第一区：小熊座、仙王座北部、鹿豹座北部、大熊座西北角、天龙座北部。

第二区：仙后座大部、仙女座、飞马座北部、小星座蝎虎、三角座和白羊座的一部。

第三区：英仙座、御夫座主要部分、白羊座东部、金牛座北部（昴宿星团在内）、鹿豹座西南角。

第四区：鹿豹座南部、双子座北部、山猫座大部、巨蟹座北部、狮子座西北角。

第五区：大熊座主要部分（北斗）、北犬座（即猎犬座）、后发座、小狮座、狮子座北部。

第六区：牧夫座主要部分、北冕座、天龙座南部、武仙座主要部分。

第七区：天琴座、天鹅座、狐狸座、天龙座东北角。

第八区：鲸鱼座、双鱼座东部、白羊座南部、波江座西北角。

第九区：猎户座全部、金牛座南部、波江座北部、天兔座、大犬座北部、双子座南部、小犬座主要部分。

第十区：狮子座南部、麒麟座、船尾座北部、水蛇座前部、巨爵座。

第十一区：室女座、乌鸦座、牧夫座 α、天秤座、长蛇座头部。

第十二区：蛇夫座、天蝎座西北角、长蛇座尾部、天鹰座。

第十三区：水夫座（即水瓶座）、海豚座、山羊座（即摩羯座）、飞马座南部、双鱼座西部。

第十四区：南鱼座、凤凰座、天鹤座、印度人座（即印第安座）东部、玉夫座西部、波江座尾部（水委在内）。

第十五区：波江座南部、天鸽座、天炉座、剑鱼座、玉夫座东部、天兔座南部。

第十六区：南船座、大犬座南部、唧筒座。

第十七区：半人马座主要部分、南十字座、长蛇座后部、乌鸦座南部。

第十八区：豺狼座、天蝎座主要部分、天坛座、南三角座北部。

第十九区：人马座、南冕座、孔雀座、显微镜座、山羊座南部。

第二十区：杜鹃座、水蛇座、山案座、飞鱼座、蝘蜓座（即蝘蜓座）、蝇座（即苍蝇座）、风鸟座（即天燕座）、六分仪座。

也许上面这许多文字的叙述只要用两张图就可以表示得更清楚，但这图让我们自己在普通图上去勾画吧，最好是在球体的图上画，可以更清楚地示出各区大小的比较。各区的球面面积实在都大致相等，在平面圆图上反要显出差异了。

我们不但可在圆球上画这二十个星区，更不妨用别的方法把天球平均划分，在各区内想象星的集合形态。也不妨以银经银纬为根据，划分星区。也许我们的星图是以离银河的远近分区为最理想的呢。

四十八　略话五行星

上面已说完位于各星座、不见有显著行动的星，剩下的是些从这一星座移向那一星座的星体。除去并非夜间所能看见的太阳外，有行星、小行星、彗星等。彗星等是不速之客，可以不提，小行星及三个远行星因为视眼不能看见，不会引起我们的惊讶，所必须提到的是水、金、火、木、土五颗行星。

水星因移动的迅速，金星、火星、木星因光等的明亮（全可以超过天狼），都不难认辨。土星的光等等于通常的一等星，而且有时年半载它的移动不容易察出，似乎是更容易致人惶惑的。五星的性质，平常的地理书上也或有详细的

地球和五大行星

说明，天文书籍上更没有不详细记载的，不过它们出没的时候通常是要寻当年的天文历的。

水星、金星在距角的时候，在西距角是晨星，在东距角是昏星。水金二星都是在距角时最易看到的，尤其是水星，因为它就在距角，也不过离太阳二十度左右，除前后一星期内是无法看见的。金星在距角时离太阳四十五度左右，故在距角的前三个多月和后三个多月都可看到。例如，一九三四年金星于四月十六日在西距角，我们在九月仍可见到，不过每次并不完全一样，而从昏星到晨星间的时期又较短些。就移动甚少的木星、土星说，我们很可以依推算恒星何时天明方升、何时黄昏即落的同法计算，所差总不过一月。火星的情形则有些不同，当它继昏而落之后，我们的地球以每天约行五十九分的速度绕太阳追迹的时候，它也以每天约行三十一分的速度在前逃避。因此，它每有一很长的时期老躲在太阳背后，但自它露面以后，我们又可以见它在一年之内从这星座移向别一星座，顺行一阵，又逆行一阵，光等由一点八等进至负二点九等，又重退至一点八等，可说是给我们以极丰富的趣味的星了。

有了行星在距角及对冲的月份，自然很容易算出它所在的星座。以一九三五年作例，金星在七月是昏星，七月太阳在双子，金星在太阳东四十五度许，自然是在狮子；十一月金星是晨星，太阳在天蝎，金星就在西面的室女。对冲更容易算，木星在五月的夜十二时中天，太阳在金牛，木星即在其对面的天蝎了。火星、土星也一样。

五颗行星的拉丁名称都是采用希腊诸神的拉丁名的，因为古人对行星特别注意，它们所占的名字都是最重要的神名。水星是使神麦克莱（今译墨丘利），因为它行走迅速；金星是美神维纳斯，因为它的光辉美丽；木星是裘必特（今译朱庇特），即众神之主，也许因为它伟大，也许因为它每年行一官，遂视为主持岁运；土星是天父萨腾（今译萨图努斯），恐怕只是由裘必特上推而得的了。

关于各行星的远近、大小、性质等，因为说到的书很多，这里都不多说。最有趣味的如水星、金星的圆缺，火星上的运河，木星上的条纹，土星的环，我想大家也都很熟知了。我们只是提一提它们的见期，以便可知道它们是不是也会成为秋星而把我们秋夜的天空多点缀出一点美丽。

四十九　银河

当我们详细地知道各行星的时候，就会在一定程度上忘却了各行星，而清晰地认识一整个的太阳系；当我们详细地知道各星座的时候，全宇宙的组织自然袭上我们的心来。然而宇宙之谜是不会被轻易地揭开的。其实单就太阳系说，冥王星到一九三〇年才被发现，现在大家且相信冥王星之外许还有一两颗行星[①]。至于彗星、流星，更是现在还算不得已有怎样的研究，所以太阳系现在还是未解之谜。太阳系以上是移动星群，是我们更不大清楚的。虽然我们已测得若干移动星群，可是太阳所在的星群我们还没有十分知道。星群以上是星团，凡肉眼所见的星群及众星都是构成本星团的分子。在遥远的空间，将看见这是一直径为两万光年的星团。星团以上是银河，这个银河系内共包含多少本星团样的星团，这些星团又怎样排列，现在所知道的更极少。不过这是近代天文学所最致力的部分，就整个银河说，现在所有的知识比从前丰富得多了。

对于太阳系，我们先知道其构成的分子，发现其中心，然后立太阳系的名称以总括之；对于银河系，则我们先觉得银河是形成一系统

冥王星

[①]　冥王星在二〇〇六年已经被排除行星行列。在太阳系中，冥王星之外还有四颗矮行星，它们分别是谷神星、妊神星、鸟神星和阋神星。

的，然后才迹寻其分子与中心，所以我们所知道的概括的银河系要比其分子为清楚。

因为无论在地球上的哪一部分，大致最多只能看见银河一圈的十之八九，所以银河最初常给人以迷惑①。古代对于银河的解释很有分歧，有人以为是地球的反影，有人以为是空气的光带，中国古代则以为是水或金之精气。其他纯粹是传说性质的更为不少，都留存于银河的名称中。欧洲各国相信银河是由天神的乳泼成的，所以称之为乳路。有些国家称之为金路，中国不称为路而称为河，有金河、银河、天河、云汉、天潢等名。银河这名称现在被取为正式的名称了，然为科学的准确起见，中国所另有的星河一名似乎更好。星河之名成立很早，东汉的《纬书》上就有"川德播精，上为星河"的话，可惜为什么称星河的理由并没有说，我们不能一定说中国实早已知道银河是集微星而成的。最早认银河为不可分析的星构成的是希腊的哲人德模克里突斯（Democritus，即德谟克利特），但那也只是可惊奇的想象，也许只是偶然而中。十七世纪初，伽利略有了他的望远镜，才正式看出银河的性质。

银河性质既明白后一百年，威廉·侯失勒（今译威廉·赫歇尔）就打开了银河研究的大路。他研究所得的结果，现在被称为侯失勒宇宙的，与现在所知道的银河系相差不远。与他同时代的哲学家康德更进一步而推演宇宙系统。他说在伟大的太阳系之外既有银河系统，这银河系统也许是更可惊奇的伟大的系统中的一员，而且那更伟大的系统又何尝不可能是更大的新结合中的一员？这些话在上世纪尚被多数人认作悠悠之谈，到本世纪却成为努力的目标了。

我们在讲各星座时已断断续续地提起过银河，但现在似乎仍该总括地再述一遍。银道也和黄道、赤道一样，可划分为三百六十度，零度起于天鹰内与赤道交叉处（赤经二十八时），向东北推数。这里的银河有两支，经过天鹰的这支是一直向西南通去的，趋向巨蛇的一支则到达蛇夫的肩头即消失。这并行的两支至箭座（即天箭座）而合，合而又分，形成一圆洞，其北就是天鹅。由天鹅右翼到天琴，是银河甚阔的部分。天鹅座 α 以北又有空洞，东支仍继续延长，西支则似乎趋向北极，又和仙王处的银河若断若续。但仙王处的银河，该

---

① 银河系属于棒旋星系，拥有四条清晰的旋臂，我们的太阳系就处于其中一条旋臂上。银河系中约有二千亿颗恒星，我们裸眼看到的恒星数量为六千多颗，但它们不全是银河系中的恒星。

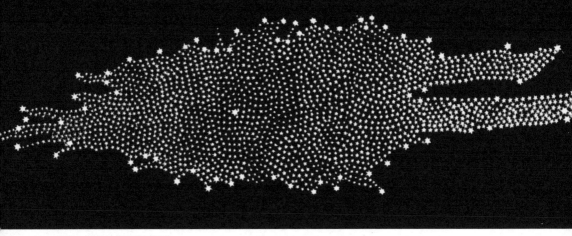

威廉·侯失勒的银河模型

说是接着东支而扩开的。到仙王，银河成为稳定的一支，入仙后而达银经九十度，方向也改趋东南，计经过英仙、鹿豹而达御夫，在御夫东南交黄道。这部分暗淡不明，浅浅地一直流至赤道。然河的两岸有金牛座 α、双子座 β、猎户座 α、小犬座 α 诸一等星对峙，清楚地划出河界。猎户座 α、小犬座 α 以南，赤经一百零三度半上，银道又与赤道交叉，而银河达一百八十度。这大圈的一半在飞马中天的时候可以完全看到，而且西面地平线上，近正西是天鹰座 α，隔河的天琴座 α（织女）离地平线也差不多高，并立着形成河上的龙门。它东面的地平线上，小犬座 α 与大犬座 α（天狼）也差不多升达等高，这四颗明星对照得极为美丽。这是九月初旬天明以前所能看见的，而且这是仅有在秋天的天明以前才能够尽量看到的美景。因为这个时期内银河特别明亮，若到猎户暮见东方的时候，四颗明星虽仍对照，却没有同样明亮的银河映衬了。

小犬以南，横贯银河的是麒麟。到麒麟，银河又渐明，大犬与船尾并列处可说既明且阔。但大犬与船底上的银河部分，应算是河身特别弯出的部分。由船尾直下到帆，则是益狭益明，可惜这非我们所能看见。因为在狮子正中的时候，就算我们能看到中天的帆座（即船帆座），也不能察出那里已被地平线附近蒙气消淡的银河。帆座以东，银河最明部分的南十字四周及其所在的银河中最暗的空洞煤袋都非我们所能得见。煤袋东，半人马的两颗一等星恰在合流后的银河中心。银河过此又分，西支上达房心而淡入；东支经天坛、尾宿而至人马，再上即是天鹰。

如果我们在九月初旬的天明以前先看由天鹰到南船的银河，那么看由天坛

银河和相应星座

到天鹰的银河最好是在第二天的黄昏，由天鹰逆数下去。那时人马刚好中天，一片特别皎亮的银河悬在我们的面前，四周都比较暗淡，而西北角上的暗云尤对照成一奇景。就我们说，这是在银经三百二十五度，但就银河说，这是中心。这一点是当代学者所一致承认的。

如果我们的太阳系位于箕宿方向的这一片皎亮的星云处，则我们当很容易看出银河的真象。不幸我们是位于箕宿与御夫之间的，我们距离箕宿处的银河（银河中心）尚有五千光年。向御夫这一面的性质固比较单纯，我们可以认作南浓北淡的一环。南浓的原因是太阳系更近于南，本星云的中心就约在南船座 α（老人）附近。向箕宿一方所见的既是银河中心，银河的别一边界就不能直接看见。它与中心混合在一处，则哪一部分与中心接合，哪一部分是银河的别一边界，自难分别，至少在尚未能测得银河面远近的现在实无法加以区分。[①]

浮在银河面上的银河星团离银河的边还很远，不见于银河面的颇远的球状星团和银河系是否有联系尚未确定，因此现在对于银河系统就有三种解释。这三种解释的不同，可说就是对球状星团处理方法的不同，那么现在先说一说球状星团。

---

① 银河的盘面被一个球状的银晕包围着，直径为二十五万至四十万光年。

我们当还没有忘记武仙的球状星团，以及曾提到箕尾这一带球状星团特别丰富。现在所已知的在银河附近的球状星团共有九十三个，只有五六个为目力所及，发现较早，其余都是在侯失勒以后所发现的。这些球状星团最近的也离银河面四度。是这些星团完全不生在银河面的方向，抑或是本来有而被银河面上的星云及暗云所遮住呢？这问题未能解决，也就是对银河系统的解释有分歧的重要原因。

最近的球状星团距离为一万八千光年，其余的如猎犬的 M3、人马的 M22、杜鹃的 M47 等明亮的球状星团也都在两万两千光年以内。至于远的，则距离大略可达十六万光年，新总目录中的 M7006 达十八万五千光年，是唯一的例外。这些距离是就其中所含的仙王式变星推算出来的，都很可靠。

远至十六万光年外的球状星团既已是例外，所以如果这九十几个球状星团也自成一集团，则这集团的长径约为二十万光年（因为它们都在太阳的对面），厚则只有十五万光年。集团的中心离银河的中心不远。

这球状集团的中心存在与否很成问题。如果是有的，球状星团就将为银河上的边线，而不能与银河分开，而银河系统也就将为直径达二十万光年的大系统，其形状当如右图所示。

图的中间为核心，两边为伸出的两臂。如果在

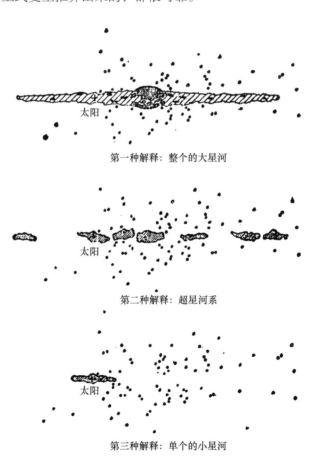

第一种解释：整个的大星河

第二种解释：超星河系

第三种解释：单个的小星河

别的星河系上看，当也为一大型的涡旋星云（即旋涡星云）。这一假定须肯定在两臂之内，就是十万光年的远处也没有球状星团，但这肯定未免太早。这银河系统是由别的星河系的形状推演而得的，别的星河系直径最大也不过五万光年，我们似乎不会正好住在一特大的星河系之内。假如别的地方全是岛屿，不会刚刚忽有这么一个大陆。或者这还是像我们的祖先那种以为地球是宇宙中心的心理在作祟吧。

第二种解释以为这延绵二十万光年的星云并不是一个连属体，而只是断续的一串星云，以球状星团为界线而形成一超星河系。这样整个的银河圈成问题了，我们的本星团将自成一星河，而人马的星云也是一星河，这似乎与我们所显的银河圈不能融洽。所以，纵然这一说可以是对的，在现在还得算未能成立。

第三种解释比上两种都更可注意些。这种解释也认银河为一涡旋星云，但不以为是很庞大的一个。十余年前，涡旋星云尚未被确定为外银河系的时候，麦克劳林就精细研究过银河，认为它是一直径约为四万光年的螺旋星云。在这星云内，太阳居在很中央的地位。球状星团中心则在人马方向很远的地方。一九三〇年，屈伦甫留（今译特朗普勒）引用新的论证，重提这种解释。

屈伦甫留的研究是从疏散星团着手的，研究所得的结果是大多数疏散星团排列成一扁饼形，直径约为三万光年，厚约三千光年。疏散星团中的三分之二都在距银道三百光年之内。整个的集合形成一个第二级的疏散星团。这些星团颇密集于中心，这中心约在帆座方向，离太阳不过一千光年。这样就与现在所承认的本星团的中心相距不过十度，就是说两者很相密合也可以。疏散星团在人马方向并不见得密集。

银河与疏散星团的密切关系是毫无疑问的。屈伦甫留就据以推定银河为一直径达三万光年的扁平螺旋星云，不过厚六千光年。疏散星团系比银河扁平，疏散星团又比星团系扁平，这种逐级的差异也是一有趣的现象。

就这种说法看，银河就在我们的超星河系中，也是一主要的天体。它的旁边集着一群球状星团。远在南边，分布着两片大小麦哲伦云。也许在银河面之外还有些尚未察见的天体。以上是我们现在所能知的银河组织。也许三说中没有一说是完全正确的，不过每一说里多少总含有具有永久价值的观点。现在也无须特别摒弃哪一说，或特别采取哪一说。六七年前，我们尚未知银河与外星河的区别，现在却有了显著的进步，焉知再过六七年我们不会有同等迅速的进步。

我们现在研究银河，多少还凭就外星河的性质类推，但我们也正试图脱出这关系而做独立的研究。哈佛大学天文台就在用摄影方式摄取银河做研究，待到有几万张照片可以应用时，若能在其中发现两万颗仙王座式变星，我们就不难直接测定银河面的远近而解决银河系的整个问题。

星空本来最易引起人遥远的思索，遥远的银河自然把我们引得更远。无论将来天文学家能够怎样告诉我们以真确的数字，那些数字一定也超出一般人的数理观念，而我们只能感到诗意的悠悠。可是，一方面我们尚像初民样地不能已于对银河的惊叹，别方面天文学家却探索到银河外更远的远空去了。

五十　银河以外

最近的外星河

如果我们把银河系及其附近的球状星团完全撇开，我们的天空将成什么景象呢？没有太阳，没有月亮，没有星，也没有大片的星云，除了疏疏的几个外星河外，余下的是星河间漆黑的空间，正如苍茫的大洋里仅浮着几只船那样空阔。这时我们所能见的最明亮的天体当为大小麦哲伦云两片。

大云在剑鱼和山案，在由南极至银河（船底座）距离的三分之一处；小云在杜鹃，在由南极至银河的中途。这两片星云在我们的纬度都不能见到，到南纬的地方，在星明之夜，就可以清楚地看出恍如皎明的银河一片。大云所占的天球面积达七度，其中心离南极二十一度；小云的面积约及大云的一半，其中心离南极十七度。

两云的距离比三分之一的球状星团还近。这样短的距离显出了特殊的重要。因为它们不算远，用望远镜可以看出其中个别的星、星团、星云，又因为它们有适当的远，所呈现的是综合的性质，我们又可借以推知各天体的结构关系。因此，它们成为详细形状不易窥测的远星河与我们无从测见其间关系的本星河两者间的关联。

这两云的发现颇早，威廉·侯失勒（今译威廉·赫歇尔）对之就曾有详细的观察，现在犹被公认为正确。然两云的距离，直到仙王座式变星原理发现之后才能测得。据沙勃莱（今译沙普利）最近的自行订正，大云的距离为八万六千光年，直径为十万零八百光年；小云略远，距离为九万五千光年，直径为六千光年。两云边界间的距离远达三万光年，因之两云或者没有什么物理的关系。

大云的形状差不多是浑圆的，云中的星分布得很平匀，间有皎亮的部分。最亮的是南轴心，似是一直径达五千光年、广一千光年的密簇星团，团中且有一更密的核心。别的皎亮部分是疏散星团与超白巨星。据摩尔（Mohr）女士就精选标本区计算所估得的结果，其中当有绝对光等在零等以上的星二十一万四千颗。记录上最明的剑鱼座 S 也是其中之一。

大云里也有弥漫星云。近轴处的剑鱼座 30 实在是一片直径为一百三十光年的星云，这又是这类星云中的最高纪录。如果它被放在猎户星云的地方，就将掩却猎户全座，而能在地球上射出影子来。大云里也有暗云，又有疏散星团一百个，球状星团八个。疏散星团本身又团在一起，但并不形成一整片的云形。球状星团也在边界。总之，凡银河中所有的天体，两云中完全都有，它们可以算是有代表性的天体结构模型。

无论假定我们的银河系是大型的、小型的或断续的，两云与我们总有相当的关系，至少它们是与银河同构成超星河系的分子。两云都是离我们而去，大云的秒速为二百七十六公里，小云的秒速为一百七十公里，其中大概有一部分是我们的银河本身的速度。

三个次近的星河

无怪我们要把大小麦哲伦云看得特别亲切，试想一想比两云更远的星河在什么地方，比两云远一两倍吗？不是，不是。据现在所知，次一个最近的就在六十万光年以外。这一个是新总目录中的 6822 号，位于人马方向。它又不是很庞大，直径只有四千光年，不讲视眼决无法看见，寻常的望远镜也不能把它搜索出来。能把它摄成照片而辨得其中的巨星的只有最大的望远镜。

然而它还是我们的近邻，也许是我们的超星河系中的一员。不仅它，连比它较远的、庞大的、视眼能见的两个也许同样是的。

新总目录中的 6822 号之次，是 M33 号星云，位于北三角（即三角座）方向，其距离为七十七万光年①，直径为一万五千光年。用大望远镜摄影下来，是一片正面向着我们的典型的涡旋星云（即旋涡星云）。在浓密的核心相对的两边，两片星云伸张出去，逆钟向地延展开去。星云内有暗云、明云以及星团，可以说凡我所能察见的银河内所有的天体，它的里面也都有。

M33 星云究竟是应该和我们的银河系比拟，抑或是应和银河系中的一星团相比，现在还无从回答。然它为一外银河，则毫无疑问。外银河被确认，实以

---

① M33 是一个螺旋星系，距离地球约三百万光年。

M33 星云

上两星云为开始。

　　现在我们来讲视眼所最能清楚看到而实际比上两个更远，自然也一定更大的一个星云，即仙女座大星云。这星云的距离为九十万光年，是视眼所能见的最远的天体。我们现在所见的它的光是九十万年前发出的，如果那星云内也有行星，在发光的时候恰巧一行星上诞生了人类，则现在他们的文明程度当比我们高了无数，也许他们能看见银河中的太阳、地球呢①。至于我们，则连它的表面也未能十分清楚，要用大望远镜才能摄出它的旋涡形态。

　　叶歧天文台（今译叶凯士天文台）拍摄的仙女座大星云的照片是天文界的一大杰作。由这照片可以看出这旋涡是以十五度的倾斜边对着我们的，刚够露

---

① 　仙女座大星云，即仙女星系，其直径为二十二万光年，距离地球二百五十四万光年，是距银河系最近的大星系。因此，我们现在所见的它的光应是二百五十四万年前发出的。

出其复杂的结构。它实际大概是个圆形，因此却成了一个椭圆，其长度可抵五个满月，实际的直径则约为四万二千光年。就各方面讲，它可以算是银河系的姊妹，在诸星河中是个特殊的巨人。仙女座大星云已为巨人，也使我们不能把银河系想象得太大。

除了上述五个，其他星河的距离都在百万光年以外。对于它们，现在尚未一一研究，这里也无多加称述的需要，只再把总括的概况一述。

远星河概况

因为现有的最大望远镜可以探测到一千万光年，星河的发现增加甚速。一九〇〇年间，凯留（J.G.Keeler，今译基勒）还只测算出约有十二万个星河，而最近测算出有数万万个了，其中的百分之九十五都在匀称地绕中心旋转，故称为规则星云。这些规则星云有向我们的视线垂直着的，如位于猎犬处的涡旋星云 M51；有倾斜着的，如仙女座大星云；有边对着的，如后发的 HV24 及前面说过的 NGC891。而其间各种倾斜度更都有。

有些简直是平面的，分布非常平衡，几乎成一滑面，再分不出内部的星团。也许这些只是星气，但更许是已经成熟而分布均匀的星河，因为它们的光谱证明其和星光相似。

斜度甚大的星河就是习知的涡旋星云，通常在核心的两端各有一柄支卷。它们的核心的集中程度也很有差异，有些简直集在核心，有些则几集中在支卷上。就动力结构说，涡旋星云是未成熟的，其未成熟的程度比银河更甚，其转动非常之速。

边对着的星河通常有一条黑带横过长径。这黑带通过正中，或沿在上边，或沿在下边，依星云对视线的倾斜方式而不同。这黑带的性质，据推测当和绵延在银河里的黑暗星云相近。

除上述两种以外，还有百分之三的不规则星云。两麦哲伦云就是这类的最近最显的例证。有人以为这是两片星云会合在一处。如然，则这会合当是在中心相交，或有一片面积较小。关于这说法，现在尚未能有什么定论。

至于一千万光年以内的星云，都还可利用超白巨星的绝对光等的原理，观测其中可见的、单个的超白巨星的光等而加以推算。再远，则其中的单个星已

M51 星云

NGC891 星云

非现在的望远镜所能辨别。但对于近的星河，既知其距离与视直径、光等的比例，则依理我们可以由远星河现于望远镜中，依据照片上的视直径、光等而约计其距离。由这一方法，我们现有的工具就可应用向远至五万光年的空间了。

超星河系

因为工具的引用到达远空，沙勃莱（今译沙普利）与亚美斯（Adelaide Ames，今译阿德莱德·艾姆斯）在近几年内发现了四十个以上的超星河系。这些超星河系各包含几百个星河，而且这些星河都很广大，因为像大小麦哲伦云那样小的星河放到那样远的地方去，一定不会为望远镜所察及。

现在所知道的最大的星河团中的一个位于半人马中，精确点说，位于现在由地球上看去的半人马方向上更远几千倍的地方。沙勃莱所选择观察的境域共占四十平方度。除了三个星河团以外，每一平方度里平均有十八个星河。主要的一星河团占长二点八度、宽零点八度的地位，含有三百一十五个光等自十六等至十八等的星河。也许用威尔逊山的百英寸直径望远镜观察，就可以发现更多的数目。这星河团的距离当为一点五亿光年，其最长直径当为七百万光年，其中所包含的最大星河的直径约为四万五千光年，平均约为一万光年。

但天空中最富于星河团的所在是后发室女区，在这两星座方向的一选定境域内就有四个大星河团。据沙勃莱及亚美斯的估计，这些星河团中的星河直径为五千光年至二万五千光年。这估计很可能过小，故所算的星团的大小也许过小。下面是他们对这四大星河团的估计。

星河团	距离	直径
甲	一千零五十万光年	二百万光年
乙	三千九百万光年	二百万光年
丙	一亿三千九百万光年	二百一十万光年
丁	一亿六千九百万光年	二百四十万光年

这些星河团虽然碰巧由我们看来很为接近，但它们相互间的实际距离常为数兆光年。就是各星河团内的星河间的距离，也在一百万光年以上。

虽然星河团的理论才建立了数年，但对于这样庞大的系统，大家还没有熟悉。我们已很可想象，我们的银河也只是这种大组织中的一分子。我们的星河团，大概是由银河、两麦哲伦云、诸球状星团、北三角座的涡旋星云、NGC6822号不规则星云、仙女座大星云以及其他星河所组成的。各星河在星河团内的游行也将和恒星在银河中的游行一样，它们的游行周期大概为一百亿年，它们的相对速度大概为每秒一千公里。

每秒一千公里的速度在星河的运动中并不是最大的，胡美生（M.L. Hamason）[1] 曾发现过秒速为一万一千五百公里的星河。赫伯尔（E.P.Huble，今译哈勃）更在一九三一年发现一星河的光谱，其秒速当为一万九千公里。运

NGC6822 星云

---

① 今译米尔顿·赫马森，美国天文学家，生于一八九一年八月十九日，卒于一九七二年六月十八日。

动速度与星河的距离有关，大概愈远者的速度愈大，其原因如何，尚未能有适当的解释。也有人还不相信这说法的可靠。

超星河系以上

不久以前，我们的知识还限于地面，现在我们延展到几百万光年外的远空。在昨晚，我们把金字塔当极古的东西；今晨时，我们已追叙着球状星团还年轻的时代。像赤道带的天色乍明一样，科学突然放足一般人尚不习惯的光辉。但科学还并不使我们成为天神，我们虽然了解物理的、生理的宇宙在时间和空间中扩开，而对于心理的、精神的宇宙还是一无所知。人类的进步建基础于永不满足的好奇心，永远地向已知的界限以外开拓。所以，现在我们当然再要提出新的问题：星河团以外又是什么？

气泡星云 NGC7653

哈勃太空望远镜观测到的不同星系

　　自然，就使我们有了什么答案，现在也无法证明，无法否定，但勉强抑制下寻求答案这事情是违反人类天性的。我们并不是想对尚无所知的事件下武断的结论，而是要谦和谨慎，以求一近真的宇宙结构的模型。至于对于宇宙的无穷怀有恐惧或对于已成权威的强立的定论感到满足的人，当然请他不必参加研究。

　　就我们现有的知识说，对于几种物理的单位，我们已有一部分了解了。最小的是电子，其质量至小，若取以和我们一身相比，也正如以我们的一身去和超星河系相比。原子包含若干电子，若干原子又组成分子，再进而组成行星，再而恒星。本篇所说是解明恒星并不是孤立行动而是组成星河的。同样，星河也组成星河团。由此我们可把物质分为七级，就是：电子—原子—分子—地球—太阳—星河—星河团。每一级比起上一级来都是非常之小，并且相对地隔绝着。

我们现在又回到原来的问题上，星河团以上又是什么？我们知道，我们的星河团是由银河、球状星团、两麦哲伦云以及它邻近的星河组成的。这种星河团可称为第一级星河团。半人马的一个星河团及后发室女区的几个星河团也属于此类。我们依着七级物体理论推究，则第一级星河团自然是第二级星河团的构成分子，而我们的星河团、半人马星河团、后发室女区星河团以及其他未知的星河团当即是我们的第二级星河团的成员。它的大小是我们所不能知道的，但依推理，其直径当有十亿光年，或更大无数。

我们的第二级星河团以外，依推理，也不会是一无所有的无限空间。在远处，当也有和我们相似的第二级星河团。第二级星河团也未必就是纯然孤立的东西，那么也就将更组成第三级星河团。这步骤是很显然的，如果继续推下去，可以推至百万级、千万级、万万级，而且仍不过只是开始。如此，我们可以说宇宙是无限的。

自然有人以为无限太不可捉摸而不愿意接受，然而不接受只证明我们的软弱、易倦。果是那样，索性不如不承认地球是圆的，也不承认地球在空中游行，因为就这种现象也已非我们所能把握。我们现在的推理实在不过把以前的推理再进一步。无论要在哪一阶级，否认其再可前进，也只有两个假定：一种是假定已达宇宙单位，其外再无所有；一种是假定纵然还有，也不是相类的组织。过去的几世纪中，已有过不少的否定的假定，其结果都只是逐步被推翻而已。

然而我们设立这样一个无限宇宙的模型，也并不是一定要去摸捉其实际的存在。我们只是要知道在我们能力所及范围之外有这样一个无穷空间、无穷时间的宇宙存在是于我们毫无妨害的，而且很和我们的经验调和。若是我们的前人早能有这种概念，他们决不致觉得地上的山峰才有几千年的寿命，也决不会忧虑一切的恒星终会冷却。

据现在所知，行星的产生以及它与恒星接近实在是很稀有的事情。有人推算，在我们的银河里，大概要每一百万颗恒星中才有一颗有行星的恒星[①]。然而

---

① 近年来，加拿大科学家称银河系约有六十亿颗类似于地球的行星。而银河系中约有两千亿颗恒星，因此拥有行星的恒星比例要远远高于百万分之一。

纵使全银河中只有一颗恒星有行星，在无穷的宇宙中仍有无数可以适宜生命生长的地方。几世纪前，我们的前人由自尊的观念，还以为地球是特别为人类创造的。天文学家虽然已把地球由特殊地位降为很不足重，但人类总还被认为独特与优秀。然而这个假定，除了人类的自我观念以外，绝无根据。倒是说有无数的世界上住着人类，其中有些人类的知识远胜我们，比较更为可能。这一观念并不使我们遭受什么损失，却能引起我们更高的志向。我们具有记忆力、想象力、理解力及了解真理的渴求，这一切也正和星河的不可解一样。现在我们可以知道我们是在宇宙的一级的一部分中，对它才开始初步研究，其全体简直是梦想所不能及。我们不必企图把握其全体，但把所抱的目的展至无限好了。

附 录 星座名称

拉丁名	略号	中文名
Andromeda	And	仙女座
Antlia	Ant	唧筒座
Apus	Aps	天燕座
Aquarius	Aqr	水瓶座
Aquila	Aql	天鹰座
Ara	Ara	天坛座
Aries	Ari	白羊座
Auriga	Aur	御夫座
Bootes	Boo	牧夫座
Caelum	Cae	雕具座
Camelopardalis	Cam	鹿豹座
Cancer	Cnc	巨蟹座
Canes Venatici	CVn	猎犬座
Canis Major	CMa	大犬座
Canis Minor	CMi	小犬座
Capricornus	Cap	摩羯座
Carina	Car	船底座
Cassiopeia	Cas	仙后座
Centaurus	Cen	半人马座
Cepheus	Cep	仙王座
Cetus	Cet	鲸鱼座
Chamaeleon	Cha	蝘蜓座
Circinus	Cir	圆规座
Columba	Col	天鸽座
Coma Berenices	COm	后发座
Corona Austrina	CrA	南冕座
Corona Borealis	CrB	北冕座
Corvus	Crv	乌鸦座
Crater	Crt	巨爵座
Crux	Cru	南十字座
Cygnus	Cyg	天鹅座
Delphinus	Del	海豚座
Dorado	Dor	剑鱼座
Draco	Dra	天龙座
Equuleus	Equ	小马座
Eridanus	Eri	波江座
Fornax	For	天炉座
Gemini	Gem	双子座
Grus	Gru	天鹤座
Hercules	Her	武仙座
Horologium	Hor	时钟座
Hydra	Hya	长蛇座
Hydrus	Hyi	水蛇座

拉丁名	略号	中文名
Indus	Ind	印第安座
Lacerta	Lac	蝎虎座
Leo	Leo	狮子座
Leo Minor	LMi	小狮座
Lepus	Lep	天兔座
Libra	Lib	天秤座
Lupus	Lup	豺狼座
Lynx	Lyn	天猫座
Lyra	Lyr	天琴座
Mensa	Men	山案座
Microscopium	Mic	显微镜座
Monoceros	Mon	麒麟座
Musca	Mus	苍蝇座
Norma	Nor	矩尺座
Octans	Oct	南极座
Ophiuchus	Oph	蛇夫座
Orion	Ori	猎户座
Pavo	Pav	孔雀座
Pegasus	Peg	飞马座
Perseus	Per	英仙座
Phoenix	Phe	凤凰座
Pictor	Pic	绘架座
Pisces	Psc	双鱼座
Piseis Austrinus	PsA	南鱼座
Puppis	Pup	船尾座
Pyxis	Pyx	罗盘座
Reticulum	Ret	网罟座
Sagitta	Sge	天箭座
Sagittarius	Sgr	人马座
Scorpius	Sco	天蝎座
Sculptor	Sei	玉夫座
Scutum	Set	盾牌座
Sextans	Sex	六分仪座
Tanrus	Tau	金牛座
Telescopium	Tel	望远镜座
Triangulum Australe	TrA	南三角座
Triangulum	Tri	三角座
Tucana	Tuc	杜鹃座
Ursa Major	UMa	大熊座
Ursa Minor	UMi	小熊座
Vela	Vel	船帆座
Virgo	Vir	室女座
Volans	Vol	飞鱼座
Vulpecula	Vul	狐狸座